부모로서 인생의 2막을 시작한

_______________님께 드립니다.

우리가 곧 부모가 됩니다

| 일러두기 |

- 먼저 임신·출산을 경험한 언니·오빠(누나·형)가 친동생에게 이야기하는 편지글의 형태로 쓰였습니다. 딱딱한 지침이 아닌 따뜻한 조언이 되길 바랍니다.
- 독자들의 이해를 돕기 위해 공저자가 한 사람의 목소리로 전합니다.
- 본 책의 내용은 산부인과 전문의의 감수를 받았습니다.

우리가 곧
부모가 됩니다

김아연×박현규 지음 | 류지원 감수

프롤로그

"기다리던 아이가 찾아왔는데 이제 뭘 해야 할까요?"

임신한 후배들이 기쁨과 초조함, 기대와 불안이 섞인 얼굴로 찾아와 묻습니다. '임신 초기에는 유산 위험이 있으니 무리하지 말고, 참기 어렵겠지만 커피도 하루 한 잔만 마시고…'라고 이야기를 하려다 멈춥니다. 지금 당장은 배 속의 아이를 잘 키워서 건강하게 낳을 수 있을까가 최대의 관심사일 후배의 시선을 넓혀주고 싶었기 때문입니다.

제가 그랬으니까요. 처음 임신했을 때는 아이가 잘 자라고 있는지, 아이에게 안 좋은 것은 무엇인지, 혹시나 이상이 있는 건 아닌지에 촉각을 곤두세웠습니다. 떡볶이라면 자다가도 벌떡 일어났는데 임신하고는 매운 음식이 아이에게 안 좋을까봐 참고 참았습니다. 딱 한 입 먹으면서도 '엄마라는 사람이 떡볶이 하나 참지 못하다니…' 마음이 편치 않았습니다. 임신 기간 내내 불러오는 배만 보였습니다.

아기에게 좋다는 것만 하고 나쁘다는 건 피하면 될 줄 알았습니다. 그런데 막상 부모가 되어보니 아이를 잘 키우는 것과 별개로 내가 엄마가 될 준비, 남편이 아빠가 될 준비, 우리 부부가 부모가 될 준비가 부족했다는 생각이 들었습니다. 임신 기간에 아기가 이 세상에 건강히 태어나길 바라며 보살핀 것처럼 우리도 부모로 성장했어야 했다는 후회를 했습니다. '임신했을 때 왜 이런 조언을 해준 사람은 없었을까?' 괜히 주변을 원망하기도 했습니다. 그래서 임신한 후배들에게 말합니다. "임신 기간을 건강히 잘 보내는 동시에 부모가 될 준비도 하나씩 해보자."

9살, 7살 두 아이를 키우는 저 김아연과 6살, 4살 두 아이를 키우는 공저자 박현규 선생님이 생각하는 부모 준비는 크게 세 가지입니다.

1. 건강한 몸과 마음 만들기
2. 삶의 우선순위 재점검하기
3. 부모의 속도 찾기

우리 두 사람만의 생각은 아닙니다. 수백 권의 임신·출산 준비서와 육아서를 읽고, 부모가 된 이후로 꾸준히 소통해온 10만 명의 네이버 포스트 독자들, 각종 모임과 책, 강연에서 만난 부모들과 이야기를 나누며 내린 결론입니다.

임신한 부모들에게 어떤 아이가 태어나길 바라느냐고 묻습니다. 십중팔구 답은 같습니다. "건강한 아이요." 아이를 낳아 키우는 부모들 역시 다르지 않습니다. "건강하게만 자랐으면 좋겠어요." 그래서 좋은 음식을 먹이고 시간에 맞춰 재웁니다.

반면 부모 자신들은 어떨까요? 임신 전에는 감기 한번 걸리지 않았는데 아이를 낳고는 수시로 감기에 걸린다며 울상입니다. 아이를 돌보느라 내 몸을 챙기지 못했기 때문입니다. 내 몸, 내 건강을 챙겨야 합니다. 비행기를 탔을 때 비상시 산소마스크를 부모가 먼저 쓰고 아이를 씌워야 하는 것과 마찬가지의 이유입니다. 그러니 임신 기간부터 아이의 건강을 위해 노력하는 만큼 부모인 내 건강도 관리해야 합니다.

몸 건강만큼 마음 건강도 중요합니다. 아이에게는 내 목숨도 아깝지 않습니다. 부모가 되고는 무얼 더 해줄까가 늘 고민입니다. 그러다보니 놓치는 부분이 있습니다. 부모는 아이에게 '주는' 사람이자 '보여지는' 사람이라는 점이요. 아이는 부모에게 받기도 하지만 부모를 보고 자랍니다. 그러니 '아이에게 무엇을 해줄까?'를 넘어 '아이에게 어떤 존재가 되어야 할까?'라는 고민이 필요합니다. 내가 단단한 어른으로 존재할 때 아이도 단단한 어른으로 자랄 수 있으니까요.

또 요즘 부모들은 우리 부모님 세대와 다릅니다. 부모님 세대가 '여성은 가정, 남성은 일'로 성역할을 나누던 것과 달리 우리 세대는 '일도 같이, 가정도 같이' 하고자 합니다. 일도 하고 아이도 키우는

'1인 2역'을 하지만 그렇다고 한 사람이 '2인분'을 할 수는 없습니다. 남편과 아내가 힘을 합쳐 두 가지 역할을 고루 소화해야 하죠. 그러려면 임신 기간부터 함께해야 합니다. 보통 남편들은 "아내가 임신해서", "아내가 출산하면"이라고 표현합니다. 임신과 출산이 아내가 몸으로 치러내는 일인 건 맞지만 그렇기 때문에 남편이 더욱 적극적으로 임신·출산에 관심을 두고 함께해야 합니다. "우리가 임신해서", "우리가 출산하면"으로 생각하는 것부터 시작입니다.

그렇게 남편과 아내가 같이 임신·출산을 준비할 때 내 안에 나와 아내(남편), 엄마(아빠)가 균형을 이루고, 우리 부부 안에 부부와 부모가 균형을 이루고, 우리 가정 안에 부모와 아이가 균형을 이룰 수 있습니다. 그러기 위해서는 임신 기간에 기존의 생활 방식을 돌아보고 삶의 우선순위를 점검하며 새로운 일상을 계획해야 합니다.

나는 어떤 삶을 원했고 살아왔는지, 결혼을 하며 어떤 삶을 꿈꿨고 어떻게 살고 있는지를 돌아보며 부모가 된 이후의 삶의 방향과 속도를 찾는 것이 시작일 것입니다.

그래서 이 책을 기획했습니다. 기본적으로 임신 10개월간 아기는 어떻게 성장하는지, 그 성장에 맞춰 부모는 무엇을 해야 하는지를 담았습니다. 임신 시기만큼 주변의 조언이 많은 때도 없습니다. 조언에서 도움을 받기도 하지만 잘못된 조언은 오히려 불안감을 키웁니다. 임신·출산에 관한 과장된 정보와 속설은 거둬냈습니다. 올바른 정보 안에서 엄마 아빠가 심리적으로 안정될 때 아기도 편안히 자랍니다.

더 나아가 부부들이 임신이라는 일생일대의 전환기를 통과하는 동안 한 아이의 부모로, 더 큰 어른으로, 더 균형 잡힌 부부로 성장할 수 있도록 구성했습니다. 기존의 임신·출산 준비서들이 임신과 출산 정보에 초점을 맞췄다면 이 책은 임신과 출산, 그리고 부모 준비까지로 주제를 넓혔습니다. 기존의 임신·출산 준비서들이 엄마에게 초점을 맞췄다면 이 책은 부모에게로 대상을 넓혔습니다.

먼저 부모가 되었다는 이유만으로 '선배 부모'라며 조언을 구하고 경험담을 묻는 이들에게 따뜻한 지침을 주고 싶습니다. 다만 우리의 이야기를 일방적으로 전하고 싶진 않았습니다. 육아가 아이를 향한 부모의 일방적인 관계가 아니라 부모와 아이가 서로 영향력을 주고받는 쌍방의 관계인 것처럼 우리도 이 책을 읽는 독자들과 이야기를 주고받고 싶었습니다. 그래서 책 중간중간 의견을 묻고 적을 수 있는 공간을 마련했습니다. 임신 개월별로 주제를 정하고 주제에 따라 자신의 생각을 정리하고 생활을 점검할 수 있는 다양한 질문을 넣었습니다. 저자인 우리와 생각을 주고받고, 아내와 남편이 서로의 생각을 주고받다보면 자연스럽게 부모가 될 준비를 할 수 있을 겁니다.

동료 부모들과 모이면 "부모만큼 인생에 중요한 역할이 없는데 부모만큼 준비 없이 되는 것도 없는 것 같다. 학교 다닐 때 국어 수학 과학 사회 교과가 있었던 것처럼 부모 교과도 있어야 했다"라는 이야기를 나누곤 합니다. 이 책이 여러분에게 '예비 부모 교과서', '예비 부모 해설서'가 되길 감히 바랍니다.

차례

내 안의 힘을 키우는 시간

엽산 한 통을
다 먹어가네!!
벌써부터
좋은 엄마 아빠가
된 것 같아.

우리가 부모가 된다면?

주변에 그런 친구 있지 않아? 결혼은 안 해도 아이는 낳을 거라는. 내가 딱 그랬어. 어렸을 때부터 엄마가 되는 게 소원이었거든. 지나가는 아이만 봐도 어찌나 예쁘던지…. "몇 살이야?" 묻고 한참을 멈춰 서서 아이를 눈으로 좇았어. 명절 때 조카들 돌보는 담당도 당연히 나였지. 아이 있는 친척들은 내가 오기만 기다렸고, 당시 음식 장만하는 스트레스 없던 미혼의 나는 조카들과 노는 게 마냥 신났어.

결혼을 준비하며 일찌감치 2세 계획도 세웠어. 통계청 자료를 보니 2018년 기준으로 부부들은 결혼 후 평균 2.16년 만에 첫째 아이를 낳았더라. 우리 부부도 신혼을 1년 즐긴 뒤 임신을 하고, 이듬해 아이를 낳기로 했으니 보통의 부부들과 크게 다르지 않았지.

전문가들은 임신을 준비하는 예비 엄마 아빠 모두에게 임신 3개월 전부터 엽산을 복용하라고 권하잖아. 그래서 결혼하고 9개월이 됐을 때 엽산을 주문했어. 본격적인 임신 준비를 시작했던 거지. 영양제를 먹으면 먹자마자 괜히 건강해지는 것 같잖아. 엽산도 그랬어. 남편과 서로의 입에 약을 넣어주며 좋은 엄마, 좋은 아빠로 만들어주는 '마법의 약' 같다며 웃곤 했어.

약통이 가벼워질수록 기분이 묘했어. 보름달에 소원을 비는 것처럼 '부모가 되고 싶다'고 막연히 바랐던 것이 시간이 갈수록 '부모가 되면?'이라는 가정으로 바뀌었지. 연예인들이 아이와 함께 나오는 TV 프로그램을 보면 '나도 저런 아이 낳고 싶다'고 생각했는데

실천하기

아이가 서로의 어떤 부분을 닮았으면 좋겠어?
아기 얼굴을 상상하면서 함께 그려보자.

아내	남편

임신 준비를 하면서부터는 자연스럽게 그 상황에 남편과 나를 대입하며 '우리 아기는 누굴 닮았을까?'를 상상하곤 했어. 하루는 내 부드러운 머릿결과 남편의 풍성한 머리숱, 쌍꺼풀은 없지만 작지 않은 내 눈에 남편의 동글동글 오뚝한 코, 그리고 내 또렷한 입술 선을 쏙 뺀 예쁜 아이를 상상하며 흐뭇하게 웃었고, 또 하루는 정반대로 남편의 뻣뻣한 머릿결에 내 빈약한 머리숱, 꼬리가 축 처진 남편의 눈에 내 납작한 코, 남편의 얇은 입술을 닮은 아이가 떠올라 마음속으로 배꼽사과를 한 적도 있어. 웃기지?

남편과 내 이목구비를 이렇게 저렇게 조합해 '우리 아기'를 그려보고, 남편의 어린 시절과 내 어린 시절을 소환하며 '우리 아기'는

실천하기	
이 시기에 어떤 준비를 하면 좋을까? 한 가지씩 적어보고 생각을 공유해보자.	
아내	남편

얼마나 우리 속을 썩일까 이야기를 나눌수록 빨리 아이가 찾아왔으면, 빨리 아이를 품에 안았으면 싶었지. 하루라도 빨리 부모가 되고 싶었어. 그런데 동시에 두렵기도 하더라. 시간이 갈수록 아기는 손에 잡히는 것 같은데 엄마가 된 나는, 아빠가 된 남편은, 부모가 된 우리는 그려지지 않았거든. 엽산을 챙기고 술을 끊으며 아이를 맞을 준비를 한다고 했는데, 이런 '신체적인 준비' 외에 한 아이를 품고 낳고 기를 '정신적인 준비'도 해야 하지 않을까 싶었지.

책부터 뒤졌어. 임신과 출산을 하며 생기는 변화, 아기를 어떻게 돌봐야 하는지 등에 관해 공부했어. 내 몸에 엄청난 변화가 생긴다는 것, 아기의 주 양육자가 된다는 건 하루 반나절씩 조카를 돌보고 예뻐하는 수준과는 다르다는 걸 알게 됐지. 그런데 그럴수록 더 궁금했어. 내 몸에 생기는 엄청난 변화를 나는 어떻게 받아들여야 할까? 아이와 놀아주는 것과 전혀 다른 '양육'을 우리 부부는 잘할 수 있을까? 어떤 마음가짐으로 아기를 맞아야 할까?

먼저 부모가 된 '선배 부모'들에게 SOS를 했어. 질문도 정했지. "만약 임신하기 전으로 돌아간다면 어떤 준비를 하겠어요?"라고 말이야.

임신 전에 준비해야 할 것

열에 아홉은 체력을 꼽았어. 5살, 2살 남매를 키우는 지인은 아빠가 된 후 조깅을 시작했다고 했어. 건강 체질이고 운동을 꾸준히 해온 터라 체력을 걱정한 적이 없었는데 육아를 하니 힘에 부치더래. 조깅을 시작하고 큰 도움을 받아서 아내에게도 운동을 권했다고 하더라. 출근 전, 퇴근 후에만 아이를 돌보는 부양육자인 본인도 그런데 아이를 온종일 돌보는 주양육자인 아내는 더할 것 같았기 때문이지.

동감해. 부모의 체력은 중요해. 특히 주양육자. 우리나라는 엄마가 주양육자인 경우가 더 많으니 아내의 체력이 더 중요하기도 하지만 엄마는 몸으로 직접 임신과 출산을 겪어내잖아. 임신과 출산을 거치면 체력이 많이 약해지는데 그 상태에서 아이를 돌보는 건 쉽지 않거든.

임신을 준비한다고 했을 때 종종 "좋겠다. 다이어트 안 해도 되겠네"라는 말을 들었어. 다이어트는 평생의 숙제라고들 하잖아. 그런데 임신하면 체중이 증가하니 다이어트를 해도 소용이 없지. 임신 중에도 식단 관리를 해야 하지만 오직 체중 감량이 목표인 다이어트처럼 정신적 스트레스가 크진 않아. 임신과 동시에 다이어트에서 해방될 생각에 은근 신났어. 칼로리를 따지며 내려놨던 디저트들을 맘껏 먹을 생각에 '디저트 리스트'를 작성하며 들뜨기도 했지.

운동도 그랬어. 언니가 임신했다고 친정엄마에게 전화했을 때 엄마는 "이제 네 배 속에 아기가 자라고 있으니 무리하지 말고 가급적 편히 쉬어"라고 하셨거든. 임신하면 하던 운동도 멈춰야 하는 줄 알았는데 알고 보니 옛날얘기더라. 예전에는 임신하면 무조건 쉬라고 했는데 요즘은 안정기에 접어들면 산모와 태아를 위해 적정한 운동을 추천해. 임신 중 체력을 유지해야 진통을 잘 견디고 출산 후 회복도 빠르다고 말이야. 몸이 힘들면 예민해지고, 예민해지면 짜증도 쉽게 나지. 결국 나를 위해서도, 아이를 위해서도, 우리 가족을 위해서도 체력 관리에 더 신경 쓰라는 거였어.

두 번째로 많이 들은 조언은 지레 겁먹지 말라는 것이었어. 부모가 될 생각에 두근거리기도 했지만 겁이 난 것도 사실이야. 임신을 준비한다고 하니 "다시 생각해봐라. 결혼했다고 아이를 꼭 낳아야 하는 건 아니다", "아이를 낳지 않으면 시간·경제적으로 얼마나 풍요로울지 생각해봐라"라는 지인들도 적지 않았거든. 아이를 낳으면 행복할 거라고 생각했는데 반대되는 연구 결과도 있었지. 2004년에 경제학자 대니얼 카너먼Daniel Kahneman 연구팀이 엄마들에게 일상생활에서 즐거움을 느끼는 활동을 물은 적이 있거든. 요리, TV

시청, 운동, 전화 통화, 낮잠, 쇼핑, 집안일, 육아 등 19가지 활동을 즐거운 순서대로 나열하라고 했지. 육아는 몇 번째였을까? 열여섯 번째더라. 쇼핑, 낮잠, TV 시청보다 뒤였고 심지어 요리, 집안일보다 후순위였어.

이쯤 되니 잘못 생각했나 싶었지. 그래서 선배 부모들에게 "아이 낳은 걸 후회해요?"라고 물으면 그건 또 아니라고들 하는 거야. 힘들긴 하지만 후회하진 않는다고. 부모가 되어 일상에 신경 써야 할 일이 많아졌지만, 부모가 된 건 살면서 가장 잘한 일이라고 했어.

프린스턴 대학 앵거스 디턴Angus Deaton 교수도 갤럽 조사 170만 건을 종합한 결과, 15세 이하의 아이를 키우고 있는 부모들은 부정적인 감정보다 긍정적인 감정을 더 많이 느낀다고 발표했어. 본질적인 성격의 질문을 할 때면 더 깊은 감정을 드러냈지. 우리도 부모님 앞에서는 투덜투덜하면서도 속으로는 '엄마 아빠 자식으로 태어나 감사하다'고 생각하잖아. 부모가 되는 것도 그거랑 비슷할지 모르겠다고 생각하니 마음이 좀 놓이더라.

그리고 겁이 나는 게 당연해. 어떤 아이가 태어날지도 모르고, 아이가 태어나면 어떤 일이 벌어질지도 모르고, 첫 임신이니 경험치가 있는 것도 아니잖아. 모든 것이 불확실한데 기대만 가득하다면 그게 더 이상하지 않을까?

점검하기

아이가 태어나면 가장 걱정되는 건 뭐야?
적어보고 공유해보자.

아내	남편

더 열심히? 현명하게 열심히!

기대와 불안이 공존하는 시기. 임신 전이 딱 그랬어. 부모가 될 생각에 두근거렸고 그래서 걱정이 앞섰어. 아이가 소중한 만큼 좋은 부모가 되고 싶으니까. '좋은 부모가 되려면 무얼 해야 할까?' 고민이 컸지. 선배 부모들의 조언처럼 체력을 키우고 겁을 먹지 않으려고 하면서도 머리 한쪽에서는 '무얼 해야 할까?'라는 고민이 계속됐어. 문제는 '무얼 해야 할까?'라는 고민은 사실상 무엇을 '더'해야 할지에 초점이 맞춰졌다는 거야.

우리 부부는 아이를 낳으면 내가 출산휴가와 육아휴직을 쓸 계획이었어. 그러다보니 아무래도 업무 공백이 걱정되더라. 임신을 계획하는 시기가 보통 회사에서도 허리 역할을 할 때잖아. 실무가 많이 주어지기도 하고 승진도 앞두고 있어서 더 신경이 쓰였지. 그래서 회사 일에 더욱 매진했어. 미리 인사고과를 잘 받아둬서 업무 공백으로 인한 타격을 줄이자는 계산이었어.

나만 그런 게 아니야. 2014년에 미국에서 경제학자 1만 명을 대상으로 결혼과 자녀가 개인의 업무 생산성에 미치는 영향을 조사한 적이 있는데 여성들은 임신했을 때 임신 전보다 더 높은 생산성을 보였어. 출산으로 인한 업무 공백을 미리 메우려고 애쓰기 때문이었지. 물론 업무 공백에 대비하는 건 나쁘지 않아. 예상할 수 있고 명백히 일어날 일이라면 대비해두는 게 도움이 되지.

그런데 지나고 보니 그보다 먼저 고민했어야 하는 게 있더라. 임신을 계획하면서 인사고과를 좋게 받아놔도 육아휴직을 하는 동안 불안했거든. 하루는 직장 선배가 점심을 사주겠다고 해서 육아휴직 중에 아이를 안고 회사 근처에 갔어.

정장을 입고 사원증을 목에 걸고 식사하는 직장인들 사이에서 운동화를 신고 아기띠를 하고 있는 내가 참 낯설었지. 그만큼 동료들과 나 사이에 거리가 생긴 것 같아 주눅이 들었어.

선배에게 "다들 열심히 달리고 있는데 나만 뒷걸음치는 것 같다. 벌어진 차이를 좁힐 수는 있을까 조바심이 난다"고 하니 선배가 이렇게 말하더라. 선배도 임신하고 출산해서 육아휴직을 하는 동안 같은 고민을 했대. 복직한 뒤론 더 열심히 일했고. 그런데 어느 날 '내가 왜 열심히 일하지?', '무엇을 위해 일하는 거지?' 싶었다는 거야.

승진이나 좋은 평판이 떠올랐지만 그건 표면적인 이유고 정말 일을 하는 이유는 아니었다는 거지. 선배는 "아직까지 똑 부러진 답을 찾은 건 아니지만 고민의 방향을 바꾼 것만으로도 불안하지 않았다"면서 "부모가 된 김에 삶을 재정비하고 있다"고 했어.

망치로 머리를 한 대 얻어맞은 느낌이었어. 부모가 되고는 더 열심히 살아야겠다고만 생각했거든. 아이가 태어나 부양가족이 늘어났으니 부모가 되기 전보다 열심히 사는 게 당연하다고 생각했어. 보통 그렇잖아. 할 일이 많으면 바쁘게, 할 일이 더 많아지면 더 바쁘게 지내.

나도 그래왔어. 특히 우리 사회는 '바쁜 사람 = 능력 있는 사람'으로 여기니 바쁜 것을 마다하지 않았고, 바쁜 것을 즐긴 것도 사실이야. 부모가 되고는 그 바쁨이 절정에 달했던 것 같아. 한 아이의 부모로도 바빴고, 부모가 된 어른으로도 바빴어. 그러던 참에 선배의 조언은 왜 열심히 살아야 하는 건지, 왜 바쁜 것이 당연한지 다시 생각해보는 계기가 됐어.

부모의 과제, '내 력' 키우기

'열심히 살면 좋은 부모가 되는 걸까?', '동료들과 같은 속도로 달리지 못하면 뒤처지는 걸까?'부터 다시 생각하기로 했어.

〈그렇게 아버지가 된다〉라는 일본영화가 있어. 영화에는 두 부모가 나와. 경제적으로 풍족한 환경에 엄격하면서도 차분한 부모와 경제적으로 부족한 환경에 자유분방하며 따뜻한 부모. 두 부모 모두 각자의 방법으로 아이에게 최선을 다해.

전자는 아이에게 더 좋은 환경과 더 많은 기회를 주려 하고 후자는 아이와 일상을 함께하며 눈높이를 맞추려 하지. 어느 집이 더 행복할까? 아이도 부모도 후자였어. 후자의 가족은 러닝셔츠 차림이었지만 몸으로 부대끼며 웃음이 끊이지 않았거든. 전자의 가족은 고급 브랜드 옷을 입고 좋은 음식을 먹으면서도 대화가 뚝뚝 끊겼어. 후자의 가족을 보고 있으니 따뜻함에 나까지 행복해지더라. 내가 꿈꾸는 가족의 모습이었어. 그렇다면 나와 남편은 부모로서 어떤 노력을 기울이고 있나 돌아봤지. 아쉽게도 전자와 더 비슷했어.

아찔했지. 좋은 부모가 되기 위해 최선을 다했는데 영화 속 부모를 보니 결과는 오히려 반대였거든. 임신했다고 했을 때 "아이는 마음으로 키우는 거니 마음을 잘 다스려라"고 했던 부모님 말씀이 그제야 생각나더라. 따뜻하고 건강한 마음을 유지하며 아이를 마주하면 좋은 엄마가 될 수 있다고 하셨거든.

내 마음은 언제 따뜻하고 건강할까 생각해봤어. 여유가 있을 때더라. 바쁠 때, 할 일에 치일 때는 따뜻하고 건강한 마음으로 아이를 대하기 어려워. 할 일로 꽉 차 있으면 아이와 눈 맞출 틈이 없지. 억지로 눈을 맞춰도 마음은 '할 일'을 향해 있어. 마음도 함께하려면 일상을 비워야 해. 일상을 비운 만큼 아이가 들어오더라. 그러니 좋은 부모가 되기 위해서는 '더 열심히'가 아닌 '덜 열심히'를 위해 노력해야 해.

뒤처지는 것 같다는 조바심에 대해서는 시선의 방향을 바꿨어. 뒤처진다는 느낌 자체가 타인과 나를 비교할 때 생기는 거잖아. 시선의 방향이 외부에 있는 거지. 회사 근처에 갔을 때만 해도 그래. 직장인들과 내가 비교됐고 조바심으로 이어졌어. 퇴근하고 돌아온 남편에게 점심때 있었던 이야기를 했지. 남편이 그러더라. 우리의 상황과 그들의 상황이 다른데 비교하는 것 자체가 무리 아니냐고. 지금 우리는 인생에서 '부모기父母期'라는 단계를 지나기 시작했으니 우리 단계에 맞는 속도로 가자는 이야기를 나눴지. 시선의 방향을 내부, 즉 내 안으로 돌리자는 말이었어. 그러자 자연스럽게 비교하지 않게 되더라. 조바심도 사라졌지. 남들과 비교하면 느린 것 같지만 내 인생 단계에 적절한 속도였으니까.

남과 비교할 땐 주먹을 불끈 쥐고 '일도 잘하고 육아도 잘하자'고 다짐했어. 반면 지금의 나에 집중하니 비로소 일과 육아의 균형이 보이더라. 내 삶에서, 지금 이 단계에서 일이 어느 정도의 비중을 차지해야 하는지, 육아는 어느 정도의 비중을 차지해야 하는지를 고민하고 그에 따라 에너지를 쏟으려고 해.

길게 말했지만 사실 덜 열심히 사는 것도, 일과 육아 사이에서 내 속도를 찾는 것도 결국은 우선순위를 점검하고 그에 맞게 삶을 재정비하는 것이 아닐까 싶어. 그게 '부모기'의 과제 같아. 가령 학생이었을 때는 내가 좋아하는 일을 찾고 그 일을 할 수 있는 능력을 키우는 것이 과제였다면, 사회인이 되어서는 그 능력을 발휘하며 더 발전시키는 게 과제였어. 더 많이 이루고, 더 많이 갖는 '양적 성장'을 이루는 거지. 부모의 과제는 달라. 내 삶을 단단히 다지는 '질적 성장'을 추구하는 거야.

부모가 되기 전에는 세상의 잣대로 나를 평가했다면 부모가 된

나는 오롯이 나의 잣대로 세상을 바라보고 있어. 부모가 되기 전에는 타인과 나를 비교했다면 부모가 된 나는 어제의 나와 오늘의 나를 비교하려고 해. 그러면서 '내 력力'이 깊어지는 것 같아. 더 많이 이루고, 더 많이 가진 나도 근사했지만, 더 단단해진 나는 믿음직스럽달까? 이렇게 변해가는 내가 마음에 들어. 동시에 부모로서 자신감도 생겼지. '내 력'이 깊어진 만큼 아이도 '내 력'이 강한 사람으로 키울 수 있을 것 같거든.

그러니까 너도 앞으로 10개월의 임신 기간을 '내 력'을 키우기 위한 워밍업으로 생각하면 어떨까? 지금부터 같이, 본격적으로 준비를 시작해보자.

마음 다스리기

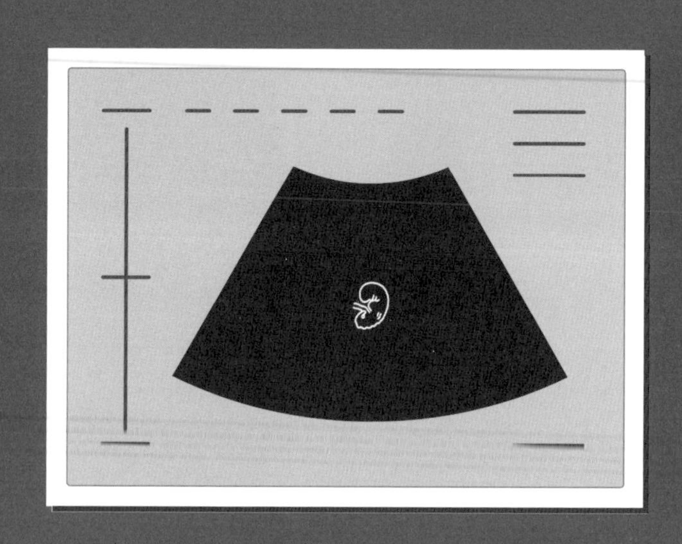

배아의 변화

난소에서 기다리던 많은 난자 중, 1개의 난자가 선택을 받아 임신을 위한 준비를 시작한다.
배아는 긴 꼬리가 달린 물고기처럼 보이며 4개의 아가미가 생긴다.

※ 임신 1개월인 0 ~ 3주는 0주 0일에서 3주 6일까지를 뜻한다.

엄마의 변화

큰 변화가 없어서 대부분 임신이 된 줄 모르고 지낸다. 예민한 경우 몸이 나른해지거나 미열 등의 감기와 비슷한 증상이 나타나기도 한다.

함께 신경 써야 할 점

엽산과 종합비타민 등을 챙겨 먹는다. 생활 습관을 점검하며 부부가 함께 건강검진을 받는다. 배란일에 맞춰 부부관계를 한다.

건강검진 결과
두분 모두 건강해요!

임신인지 아닌지 조바심이 날 때

초등학생 때 체육대회를 떠올리면 100m 달리기가 기억나. 출발선에 서서 출발 자세를 잡고 결승점을 노려보며 신호탄이 발사되기를 기다렸지. 임신을 시도할 때 이 장면이 꿈에 자주 나왔어.

사실 임신 1개월 때는 임신 여부를 잘 몰라. 보통 난자와 정자가 만나 수정하는 순간을 '임신 1일'이라고 생각하잖아. 그러다 생리 예정일에 생리를 하지 않으면 '임신했나?' 의심하지. 나도 임신하기 전에는 그런 줄 알았는데 임신 테스트기로 임신을 확인하고 병원에 갔더니 의사 선생님께서 "임신 5주입니다"라고 하시더라고.

이상했어. 마지막으로 남편과 부부관계를 맺은 게 3주 전인데 어떻게 임신 5주가 되지? 알고 보니 임신 기간을 280일로 보는 방식에서는 마지막 생리 시작일을 '임신 0주 1일'로 보더라. 생리 주기가 28일인 경우, 마지막 생리 시작일로부터 14일 뒤가 배란일이잖아. 배란일을 전후로 부부관계를 해 수정이 되면 임신 2주, 그로부터 2주 뒤인 생리 예정일에 생리를 하지 않으면 임신 4주인 거지. 생리 예정일에서 1주 정도가 지나면 임신 테스트기로 임신 여부를 확인할 수 있어. 그러니 우리가 임신을 확인할 때는 대략 임신 5주차가 되는 거야. 사실상 임신인지 아닌지 긴가민가하는 동안 임신 첫 달이 지나가는 거지.

100m 달리기를 하려고 출발선에 섰는데 신호탄이 울려야 뛰니 '탕!' 소리만을 기다려. 언제 울릴지 모르니 긴장은 늦추지 못하고 빨리 울리기만 바라는 상황과 임신이 이런 면에서 비슷하지 않아?

그래서 꿈에 이 장면이 자주 나왔던 것 같아.

안 그래도 조바심이 나는데 주위에서 "잘돼가고 있어?" 계속 물어. 그걸 알면 조바심이 나겠어? 모르니 조바심이 나는데 질문은 계속되지. "기다려야죠, 뭐"라고 하면 돌아오는 답은 "그래. 조바심내면 아기가 더 안 오더라. 스트레스 받지 말고 마음 편히 먹어"야. 속으로는 '그런 질문이 스트레스거든요!'라고 외치지만 대답은 "네, 그럴게요" 했어.

스트레스가 임신율을 낮춘다는 건 나도 알고 있었거든. 스트레스를 받으면 폭식하거나 반대로 식욕이 없어지기도 하고 잠도 제대로 못 자니 임신에 좋은 영향을 줄 리 없잖아. 게다가 몇 달째 임신을 시도하는데 임신이 되지 않으면 스트레스가 쌓이지. 스트레스가 쌓이면 스테로이드 호르몬이 분비되면서 임신율이 저하된다는 연구 결과도 있어.

이 시기 양가 부모님을 포함해 주변에 바랐던 건 딱 한 가지야. '그냥 모른 척해주세요.' 그 마음이 남편에게 보였나봐. 언젠가 친정엄마가 그러시더라. "너희 임신 시도할 때 네 남편이 임신하면 말씀드릴 테니 궁금하셔도 묻지 말아달라고 하더라. 부담을 가지면 임신이 잘 안 된다며 부탁했었어"라고. 어쩐지, 어느 순간부터 가족들이 묻지 않더라니…. 남편도 신경이 쓰였을 텐데 거기까지 날 배려했다는 걸 알고는 뒤늦게 고마웠지.

스트레스를 받지 않으려고 노력할수록 스트레스가 더 커졌어. 역효과였지. 이럴 땐 오히려 '스트레스를 받고 있구나', '스트레스를 받는 게 당연하구나' 인정하니 낫더라. 그리고 스트레스를 받지 않으려는 노력 대신 스트레스를 다루기 시작하니 도움이 됐어.

꼭 임신이 아니어도 그래. 나만의 스트레스 해소법이 있으면 좋잖아? 이참에 해소법을 찾아보기로 했어. 나는 산책을 좋아해. 남편과 손잡고 하는 산책은 더 좋지. 상대방이 스트레스를 받은 것 같을 땐 "산책할까?" 묻기로 했어.

산책하면서 아이 없이 둘이 살 때, 그리고 아이와 함께 살 때를 상상하며 이야기를 나눴어. 포인트는 두 가지 상황을 놓고 장점을 하나씩 보태는 식으로 대화하기! "우리 둘이 살면 여행을 더 자주 다니자", "강아지 키우고 싶다고 했지? 강아지도 키우자", "아이랑 다 같이 가족 취미 만들자. 커서도 같이할 수 있게" 이런 이야기를 나누다보면 둘이면 둘인 대로, 셋이면 셋인 대로 잘살 거 같았어. 마음에 여유가 생기더라.

우리 부부는 계획 임신을 했으니 생리 예정일이 다가올수록 '이번에는 임신을 했을까? 아닐까?' 예민해졌다가 생리를 하면 실망하고 다음 배란일을 준비하는, 말 그대로 스트레스와 긴장의 시기를 보냈어. 반면 나와 비슷한 시기에 임신한 친구는 그 반대였지. 계획 임신이 아니었거든. 워낙 생리주기가 불규칙한 편이라 이번에도 늦어지나보다 싶었는데 늦어져도 너무 늦어지더래. 게다가 약을 먹어도 몸살 기운이 떨어지지 않아 혹시나 싶은 마음에 임신 테스트기를 했는데 두 줄이 떴다는 거야. 임신이었지.

친구의 이야기를 들으며 속으로 스트레스 안 받고 임신해서 좋겠다고 부러워했는데 친구는 갑작스러운 임신 사실을 받아들이기가 쉽지 않았다고 했어. 우선 '아직 마음의 준비가 안 됐는데 어떻게 하지' 덜컥 겁이 났고 그럼에도 불구하고 찾아온 아기에게 미안했다고 하더라. 그리고 임신한 줄 모르고 지낸 한 달간 무얼 했는지, 무얼 먹었는지가 걱정되더래. 당장 몸살인 줄 알고 먹었던 감기몸살약, 그리고 회식 때 술을 마신 게 마음에 걸려 의사 선생님께 말씀드리니 웃으시며 "엄마가 임신한 줄 모르고 한 행동들은 아이가 용서해줘요. 이제부터 조심하세요"라고 하셨대.

술 한두 잔이 임신 초기 아기에게 영향을 끼칠 확률은 거의 없고, 만약 나쁜 영향을 끼쳤다 해도 그런 경우는 자연유산으로 이어지기 쉽다면서 말이야. 친구는 안심하고 그날부터 생활습관을 점검하며 엽산을 챙겨 먹기 시작했대.

실천하기

나만의 스트레스 해소법 찾기

기분이 좋아지는 일을 3가지씩 써보자.

아내	남편
• 차 마시기	• 산책하기
•	•
•	•

생활습관 점검하기

임신 가능성을 높이는 방법도 찾아봤어. 우선 금연과 절주. 남편에게도 아내에게도 중요해. 담배가 건강에 백해무익하다는 건 알고 있었지만, 이유를 알아보니 담배를 피우면 혈관의 노화가 빨라진다고 하더라. 혈관이 노화하면 난소에 충분한 혈액이 공급되지 않고 기능도 저하돼. 흡연하면 정자 기능도 떨어지지. 임신에는 직접적인 흡연뿐 아니라 간접흡연도 악영향을 주니 부부 모두 담배를 멀리하는 게 좋아.

가급적 술도 안 마시는 게 좋아. 마신다고 해도 과음은 피해. 남성의 경우 과음으로 간이 손상되면 혈액 속에 여성 호르몬인 에스트로겐이 증가하고 고환에서는 남성호르몬인 테스토스테론의 생산이 줄어들거든. 정자 생성도 감소하고 정자의 운동성도 떨어지니 임신에 부정적인 영향을 주지. '이번 달만 줄이자!'라고 생각하면 늦어. 정자세포가 생성되어 부고환으로 모이는 데 약 12~13주의 시간이 걸리거든. 즉, 건강한 정자를 만들려면 최소 3개월 전부터는 절주, 금연하는 게 좋다는 이야기야.

부부가 적정한 체중을 유지하는 것도 임신에 도움이 돼. 여성의 에스트로겐은 30퍼센트 정도가 지방세포에서 만들어지거든. 체지방이 너무 많거나 너무 적으면 호르몬 균형이 깨져 임신 가능성이 낮아질 수 있어. 남성도 비만일 경우 고환 기능이 떨어져 정자의 생성이 줄어든다고 하고 말이야. 그렇다고 무리하게 다이어트를 하면 호르몬의 균형이 깨질 수 있어. 호르몬 균형이 깨지면 임신에 좋지 않으

점검하기	
고치고 싶은 습관	
아내	남편
• 커피 많이 마시는 것 • •	• 흡연 • •
새로 만들고 싶은 습관	
• 몸에 좋은 차 마시기 • •	• 금연하기 • •

니 적당한 운동을 꾸준히 해 체중을 관리하는 게 좋아. 적당한 운동은 부부의 수정 능력을 높여준다는 연구 결과도 있고 말이야.

지금부터 솔직 토크! 임신을 시도하며 포털 검색창에 '임신 잘되는 방법'을 검색한 적 있다? 없다? 나는 있다! 솔직히 말하면 자주. 지인들에게 물어봤거든. 열이면 열 모두 해본 적 있더라.

임신이 잘되는 법을 검색하면 입에서 입으로 전해지거나 과학적인 근거를 가진 방법들이 수없이 나와. 그중 가장 흔히 볼 수 있는 건 '여자는 아랫배를 따뜻하게, 남자는 아랫도리를 차갑게 유지하라'는 거였어. 어르신들이 주로 하시는 말씀이라 흘려들었는데 근거가 없는 건 아니더라.

손발이 차면 임신이 잘 안 된다고들 하잖아. 손발이 차다는 건 몸의 혈액순환이 잘 안 된다는 뜻인데, 혈액순환이 잘 안 되면 자궁 건강도 좋지 않을 수 있어. 자궁에 혈액순환이 잘 안 되면 난소 기능이 저하되거든. 남성은 고환의 온도가 체온보다 1~1.5도 낮게 유지될 때 건강한 정자가 생성되고. 그런 이유로 여성에게는 여름이라도 너무 짧은 하의는 입지 말고 남성에게는 몸에 꽉 끼는 속옷이나 청바지를 입거나 사우나를 하는 것을 피하라고 하더라. 사무실에서 근무하는 남성들에게 한 시간에 한 번은 의자에서 일어나는 습관을 들이라고 조언하는 것도 같은 이유에서지. 의자에 장시간 앉아 있으면 고환의 온도가 높아지기 쉬우니까.

하나하나 체크하다보니 끝도 없더라. 그리고 수많은 조언은 한마디로 '건강을 유지하세요'와 크게 다르지 않아. 금주, 금연, 적정한 체중, 스트레스 받지 않기는 모두 건강하기 위한 기본 조건이잖아. 손발이 차다는 건 손발까지 혈액순환이 되지 않을 정도로 건강이 나빠졌다는 말이고, 한 시간에 한 번 의자에서 일어나는 습관은 직장인 건강관리법에 늘 나오는 항목이야.

한마디로 신체 컨디션을 망가뜨릴 정도로 무리하면 건강이 나빠지듯 임신에도 좋지 않은 영향을 준다는 거지. 한 전문가는 "수정과 착상 등 일련의 임신 과정은 매우 복잡하고 민감한 메커니즘을 가지고 있기 때문에 몸의 컨디션에 긴밀하게 영향을 받을 수밖에 없다"며 "몸과 마음의 컨디션 관리에 최선을 다해야 한다"고 했어.

실천하기

더 건강해지기 위한 미션을 하나씩 추가해보자.

아내	• 스트레칭 10분 • •
남편	• 종합비타민 챙겨 먹기 • •
함께	• [illegible] • •

신체 건강 체크하기

컨디션을 관리하며 최상의 몸 상태를 만드는 것과 동시에 현재의 건강도 체크할 때야. 건강을 체크하는 건 크게 두 가지 측면으로 나눠볼 수 있어. 임신과 출산이라는 중요한 이벤트를 담당할 내 몸 건강을 체크하는 것과 내 몸이 아이에게 건강한 품이 되어줄 준비가 되어 있나를 체크하는 것.

본격적으로 임신을 시도하면서 갑자기 건강이 걱정되더라. 나이도 젊고 특별히 아픈 곳이 있던 게 아니니 건강 하나는 자신 있었는데 '혹시 남편이나 내 몸에 몰랐던 병이 있으면 어쩌지?', '임신 기간에는 엑스선 촬영도 못하는데, 만에 하나 큰 병에 걸렸으면 어쩌지?' 싶은 걱정이 드는 거야. 주변에서 임신 이후 산전 검사를 받고 나서야 처음으로 당뇨병이라는 걸 알게 된 경우도 봤어.

마침 보건소에서 예비부부와 임신을 준비 중인 부부들을 대상으로 건강검진을 해준다고 하길래 남편이랑 같이 검진을 받았어. 알고 보니 기본적인 혈액검사와 소변검사만으로도 많은 병을 알아낼 수 있더라. 검사를 하고 일주일 뒤 이상 소견이 없다는 결과를 받고 안심했지. 임신 기간에 뜬금없이 건강이 걱정될 때면 검사 결과가 정상이었던 걸 떠올리며 '이상 없었잖아' 하고 스스로 마음을 달래기도 했어. 혹시 빈혈, 고혈압, 당뇨 등 몰랐던 질환을 발견한다 해도 크게 걱정할 필요는 없어. 발견했으니 지금부터 관리하면 되니까.

보건소에서는 기본적인 건강검진 이외에 몇 가지 항체 검사도 같이해. 항체 검사는 병원체에 대한 항체의 유무나 항체의 양을 알아보는 건데 임신부의 경우 풍진, 홍역, B형 간염 등을 검사해. (보건소마다 다르니 각자 거주하고 있는 구청의 보건소 홈페이지를 확인해봐.)

임신부가 풍진에 걸리면 태반을 통해 태아도 감염되어 선천성 풍진 증후군을 일으킬 수 있어. 선천성 풍진 증후군은 수막염, 폐렴, 간염, 자반병 및 빈혈, 지능 장애, 각종 기형 등의 원인이 되지. 최선의 방법은 임신부가 풍진에 걸리지 않는 거니 항체가 없다면 백신을 맞아 감염을 예방할 수 있어. 풍진 항체가 없다면 예방접종을 하고 최소 한 달은 피임을 권고하니 가급적 미리 검사를 받아보는 게 좋아.

우리 부부는 계획 임신을 했기 때문에 임신을 준비하며 미리 보건소에서 검진했지만 그렇지 않은 경우도 있어. 그 경우 임신 여부를 확인하러 병원에 처음 갔을 때 하게 되지. 만약 우리 부부처럼 미리 검진을 받아두었다면 병원에 갈 때 검진 결과를 가지고 가. 이미 받은 검사는 제외하고 추가로 필요한 검사만 받으면 되거든. 보건소 검사는 무료이니 미리 받아두면 병원에서의 검사 비용을 줄일 수 있어.

개인적으로 후회한 건 치과 검진이야. 가벼운 충치가 있었는데 치료를 미루고 있었거든. 임신 초기에 치통이 생겨 치과에 갔더니 신경치료를 해야 한다고 하더라. 신경치료를 하려면 마취를 해야 하잖아. 임신 중에는 마취할 수 없다고 들었던 터라 걱정했더니 의사 선생님이 중기에는 치과 엑스선 촬영도, 국소 마취제를 사용해도 안전하다고 밝혀졌으니 일단 통증을 가라앉히고 중기에 신경치료

알아두기

임신 전 미리 체크해야 할 검사

종류	내용	검진 여부
B형 간염 검사	엄마가 B형 간염 보균자라면 아기에게도 B형 간염을 물려줄 가능성이 있다. 그렇기 때문에 검사 후 항체가 없으면 반드시 예방접종을 해야 한다. 3회 접종 시 6개월이 걸리며 임신 중에도 백신 주사를 맞을 수 있다.	
풍진 검사	어릴 때 예방접종을 했어도 간혹 청소년기를 거치면서 면역력이 없어지는 경우가 있다. 항체가 없으면 예방접종을 해야 한다. 풍진 백신은 생백신으로 주사를 맞으며 이때 한 달간은 피임을 권고한다.	
치과 검진	임신부가 잇몸질환이 있으면 조기진통 확률이 7배나 증가한다는 연구 결과가 있다. 충치도 마찬가지로 미리 검진 후 문제가 있다면 치료를 하는 게 좋다.	
자궁 경부암	성생활을 하는 모든 여성은 자궁경부암을 일으키는 바이러스에 노출되어 있기 때문에 임신 전에 미리 예방접종을 하는 게 좋다. 임신 중에는 백신 3회 접종으로 자궁경부암 발생의 70%를 예방할 수 있다.	

를 하자고 하셨어. 임신 전에 미리 치료를 받아두면 이런 일이 없었

을 텐데, 후회했지. 그리고 스케일링도 받아두면 좋아. 임신하면 혈관이 확장되면서 구강 내 세균 증식이 활발해지고 혈관벽이 약해져 잇몸이 붓거나 염증이 생기는 치주질환이 더 쉽게 생기거든. 입덧할 때는 먹기만 하면 토하는 경우도 있고, 반대로 속이 비면 바로 입덧을 해 계속 간식을 먹는 경우도 있는데 두 경우 모두 치주질환의 가능성을 높이기도 하니 말이야.

임신을 위한 숙제? 임신을 위한 이벤트!

신혼 초, 비슷한 시기에 결혼한 지인들과 만날 일이 있었어. 모두 임신을 시도하고 있었지. 서로에게 "숙제했어?", "숙제 언제야?"라고 묻는 거야. 셋이 같이 공부라도 하나 싶었는데 알고 보니 '숙제'가 '부부관계'더라.

임신을 위한 부부관계는 아무래도 평소의 부부관계와는 조금 달라. 평소의 부부관계가 슬쩍슬쩍 신호를 보내다 자연스럽게 사랑을 나누는 '로맨스'라면 임신을 위한 부부관계는 '수정'이라는 목표를 이루기 위해 배란일에 맞춰서 해야 하는 '숙제'에 가깝지.

하고 싶은 일도 해야 하는 의무가 되면 하기 싫어지잖아. 그러다보니 배란일에 맞춰 부부관계를 하는 건 생각만큼 달콤하진 않았어. 배란일이 다가오면 기대가 되기도 했지만, 한편으론 부담스럽고 어색했어.

배란일을 알아내는 것부터 숙제야. 배란일이라는 것을 알 수 있는 몇 가지 증후들이 있으니 짐작할 수 있어. 우선 배란통. 나 같은 경우는 배란일이 다가오면 아랫배가 묵직해. 심한 경우 배가 뒤틀리는 듯한 통증을 느끼는 사람도 있다고 하더라. 반대로 특별한 증상이 없는 사람도 많아. 두 번째는 기초체온 측정하기. 아침에 일어나자마자 기초체온을 재보는 거야. 매일 아침 기초체온을 측정하다보면 평소보다 체온이 조금 떨어지는 날이 있어. 그날이 배란일일 확률이 높아. 배란된 다음날부터는 프로게스테론이 분비되며 평소보다 기초체온이 상승하지. 그러니 체온이 평소보다 0.2~0.3도가량 높다면 배란을 했다고 생각하면 돼. 점액으로도 알 수 있어. 배란일 즈음에는 에스트로겐 분비가 늘어나며 달걀흰자처럼 투명하고 미끈미끈한 점액이 분비되거든.

가장 간단한 방법으로는 다음 생리 예정일을 기준으로 추정할 수 있어. 생리 예정일 12~16일 전에 배란을 해. 하지만 생리주기가 규칙적이지 않다면 다음 생리 예정일을 모르니 이 방법으로 알 수 없지. 그래서인지 요즘은 배란 테스터기를 사용하는 부부도 많다더라. 배란 테스터기는 소변 속 황체형성호르몬의 농도를 측정해 배란 시기를 알려주는 진단기야. 소변을 스틱 형태의 테스터기에 묻혀 체크하는 방식이니 쉽게 배란일을 알 수 있어.

배란일로 추정되는 날 부부관계를 가진다고 100퍼센트 임신으로 이어지는 건 아니야. 배란일이 아닌 날에 관계를 가지는 것보다 수정될 확률이 높긴 하지. 대한산부인과학회에 따르면 각 배란 주기당 임신 기회는 25퍼센트. 임신을 시도하는 부부 중 약 57퍼센트는 3개월 안에, 72퍼센트는 6개월 안에 임신한다고 해. 이 말을 하

알아두기

배란일 확인하는 방법

신체 증상	생리주기가 일정하다면 신체 증상의 변화로 배란일을 체크할 수 있다. 오른쪽 아랫배 또는 왼쪽 아랫배 주위로 통증이 오는 배란통과 에스트로겐 분비가 늘어나면서 달걀 흰자처럼 투명하고 미끈미끈한 점액이 분비되는데 정확하게 측정하기에는 다소 어려움이 있다.
배란일 계산기	포털 사이트에 '배란일 계산기'를 검색하면 바로 확인할 수 있다. 프로그램에 생리주기를 알고 있으면 마지막 생리 시작일, 생리주기를 입력하고 생리주기를 모를 경우 최근 생리, 지난 생리 날짜를 입력한 후 임신 가능한 기간을 체크해볼 수 있다.
기초체온법	6~8시간 숙면 후 아침마다 매일 같은 시간에 체온을 체크한다. 평소보다 체온이 조금 떨어진 날 전후 이틀 사이가 배란일일 확률이 높다.
배란 테스트기	임신 테스트기처럼 소변을 사용해서 배란 여부를 판별하는 검사 도구다. 사용법이 비교적 간단하고 쉬워서 배란일인지 아닌지 쉽게 구분할 수 있다. 배란 테스트기에서 양성 반응이 나오면 48시간 이내에 관계를 한다. 약국이나 온라인 스토어 등에서 구입할 수 있다.
산부인과 검진	산부인과에서는 초음파를 통해 난포를 확인하고 배란일을 체크할 수 있다. 생리주기가 불규칙하거나 배란일 예측이 어렵다면 산부인과의 도움을 받는 것이 가장 좋다.

는 이유는 임신도 시간이 필요하다는 걸 알려주고 싶어서야. 임신을 시도하던 때에는 생리가 시작되면 기운이 쭉 빠지더라고. 조바심이 나면서 부담으로 이어지고 말이야.

그래서 내주는 숙제! '숙제를 숙제로 여기지 말 것.' 배란일에 부부관계, 해야지. 그런데 이왕이면 달콤하게 하자. 온라인 커뮤니티를 보다보면 '아무 생각 없이 술 한잔한 날 아이가 생겼어요!'라는 글이 종종 보여. 글 밑에는 '꼭 딱 하루 방심하면 그날 그렇더라고요', '그렇게 노력해도 안 오더니…'라는 댓글들이 주르륵 달려 있지. 그런데 생각해보면 실제로 아무 생각 없이 술 한잔한 게 임신으로 이어지는 데 도움이 됐을 수 있어. 편안한 마음으로 평소처럼 달콤하게 부부관계를 가졌을 거고 심리적 압박이 없었을 거야. 스트레스가 임신에 악영향을 끼친다고는 이미 여러 번 말했지? 알아. 말은 이렇게 하지만, 부담감이 사라지진 않더라. 나도 그랬어. 그래서 기왕할 숙제라면 달콤하게 하라는 또 다른 숙제를 내준 거야. '숙제'가 아닌 '이벤트'로 기억될 수 있게.

약속하기

배란일에 맞춰 부부관계를 할 때,
둘만의 신호를 만들어보자.

- 달력에 하트 표시하기
-
-

임신을 확인하다

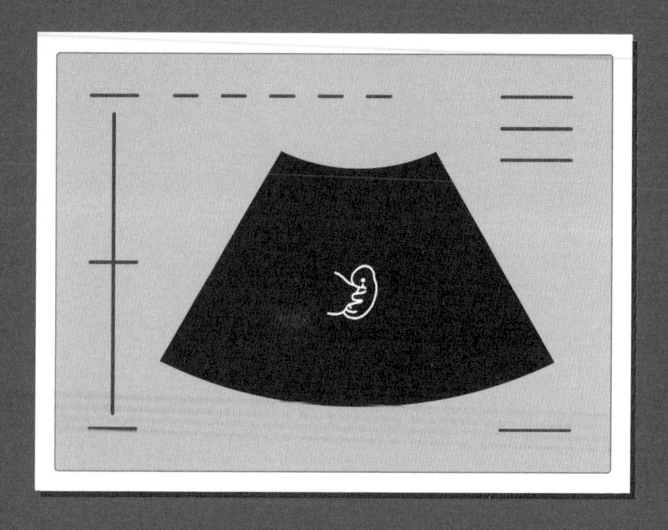

임신 2개월
4 ~ 7주

배아의 변화

4주
빠르게 분열하던 세포가 무게 1g의 배아가 된다.

5주
초음파로 임신낭을 확인할 수 있다.

6주
배아가 보이며 심장 박동 소리를 들을 수 있다

7주
배아의 크기는 1cm 정도지만
팔과 다리가 생기고 신장이 자리잡는다.

엄마의 변화

생리가 사라지고 어지럼증, 현기증이 생긴다. 자궁이 커지면서 아랫배가 콕콕 쑤시듯 아프다. 메스꺼움, 구토, 소화불량, 변비가 생길 수 있다.

함께 신경 써야 할 점

엽산과 종합비타민 등을 챙겨 먹는다. 음식은 입에 당기는 것을 먹는다. 배아에게 영양분이 거의 가지 않기 때문에 먹고 싶은 음식을 먹는 게 가장 좋다. 감정 기복이 심해지고 임신 우울증이 올 수 있으므로 마음 관리에도 신경 써야 한다.

T
C

기다리던 '두 줄'이 떴다

일과를 마치면 남편과 소파에 나란히 앉아 드라마를 보는 게 하루의 낙이었어. 그런데 어느 날 드라마를 보다 말고 내가 꾸벅꾸벅 졸고 있는 거야. 남편이 좋아하는 역사 드라마면 뭐, 종종 있던 일이지만 그 드라마는 내가 좋아해서 남편이 같이 보는 (그래서 가끔 남편이 졸던) 멜로였거든. 손꼽아 기다린 드라마인데 졸고 있다니 이상했지. 특별히 피곤하지도 않았거든. 드라마를 보다 졸다 보다 졸다를 반복하니 남편이 그냥 편하게 침대에서 자자고 하는데, 괜히 오기가 생기잖아. 자세 바로잡으며 이제 안 졸 거라고, 끝까지 보고 잘 거라고 큰소리치고는 또 졸았지.

회사에서도 그랬어. 봄도 아닌데 근무시간에 하품이 계속 나오는 거야. 졸고 있는 것도 몰랐는데 어느 순간 컴퓨터 화면에 'aaaaaaaaaaaaaaaaaaaa…'가 가득 차 있고. 처음엔 이런 내가 낯설어 '왜 이렇게 졸리지? 이런 적 없었는데?' 고민했는데 주변에서 수시로 졸린 건 임신 초기 증상 중 하나라며 혹시 임신한 거 아니냐고 묻더라. 임신을 계획하고 있었으니 반가웠지. 먼저 부모가 된 선배들은 임신해서 졸린 거라면 잠을 쫓는다고 쫓아지지 않으니 잠깐이라도 눈을 붙일 방법을 찾는 게 낫다고 조언해줬어.

생각해보니 맞는 말이더라. 임신하면 내 몸과 컨디션이 변할 거야. 임신 전과 다른 몸으로 임신 전과 같은 생활을 하려면 그게 무리지. 이참에 졸지 않는 법이 아니라 최상의 컨디션을 유지하는 법을 찾아보기로 했어. 우선 졸음부터 참지 않기로 했지. 개인적인 일

정부터 최소화했어. 퇴근 이후에는 거의 약속을 잡지 않았고 출근하면 점심도 밥만 간단히 먹고 일찍 들어와 짧게라도 낮잠을 잤어. 임신 전에는 친구들을 만나고 여가를 즐기는 게 먼저였다면 이때부턴 내 컨디션 관리를 우선순위에 둔 거야. 그것만으로도 도움이 되더라.

먹는 것을 고를 때도 기왕이면 몸에 좋은 걸 먹으려고 했어. 그동안은 남편과 "우리 뭐 먹을까?", "뭐 먹고 싶어?" 식으로 구미가 당기는 것 위주의 식단을 짰다면 이때부턴 저녁 한 끼는 건강을 생각해 챙기기로 했지. 그날그날 아침 점심 메뉴를 살핀 뒤 채소를 적게 먹은 날은 저녁에 간단하게 샐러드를 먹기도 하고 반대로 아침 점심이 부실했으면 저녁은 풍성하게 먹으려고 했어. 매끼니 영양가를 따져가며 챙겨 먹기는 어려우니 하루 단위로 맞추려고 한 거지.

그래도 필요한 영양소를 충분히 섭취하고 있는지 의문이었어. 게다가 보건복지부가 발표한 한국인 영양소 섭취 기준에 따르면 임신부의 경우 일반 성인 여성에 비해 엽산은 물론이고 비타민 A, B, C, D, 칼슘, 아연, 구리 등 영양소가 더 필요해. 물론 음식으로 충분한 양을 섭취하는 게 가장 좋지만 현실적으로 쉽지 않다면 영양제로 보충할 수도 있어. 실제로 많은 전문가가 임신 초기에는 엽산과 더불어 임신부용 종합비타민, 비타민D, 오메가-3, 유산균을 복용하기를 추천하거든. 필수가 아니라 권장사항이니 본인의 평소 영양소 섭취 상태에 따라 복용 여부를 결정하면 될 것 같아. 나는 영양제 네 개를 모두 챙기기가 부담스러워서 엽산과 종합비타민만 먹었어. 오

알아두기

임신 초기 증상

- 유방과 유두가 쓰린 느낌이 강해지면서 스치기만 해도 아프다.
- 유륜(유두 주변의 둥근 부위)의 색이 변하고 오돌토돌한 작은 돌기가 점점 커진다.
- 잦은 배뇨로 화장실에 수시로 가게 된다.
- 온몸이 나른하거나 피로감이 지나치게 몰려온다.
- 아침에 눈을 뜨자마자 체온을 재보면 기초체온이 1도 정도 상승해 있다.
- 갑자기 냄새에 예민해지고 냄새에 따라 기분이 쉽게 불쾌해진다.

물론 사람마다 징후는 조금씩 다를 수 있다. 하지만 이 가운데 일부를 경험했거나 느끼고 있다면 임신 테스트기를 해보는 것이 좋다. 임신 여부를 확실하게 체크하는 방법은 산부인과에 가는 것이다.

메가-3는 견과류를 간식 삼아 먹으며 보충했지.

그렇게 생활습관을 점검하며 생리 예정일을 기다렸어. 드디어 생리 예정일이 되었어. 아침에 눈을 뜨자마자 첫 소변으로 임신 테스트기를 해보니 희미하게 두 줄이 뜨는 거야! 테스트기에 분홍 줄이 서서히 비치기 시작하는데 어찌나 흥분되던지.

희미한 분홍 줄이 대조선만큼 또렷해지기를 기다리고 또 기다리는데 아쉽게도 희미한 분홍색에서 멈췄어. 이게 임신이라는 건지, 아니라는 건지 도통 모르겠더라. 선배 임신부들이 처음 임신 테스트기를 한 날 매직아이를 보는 것처럼 한참을 뚫어져라 바라봤다고들 하더니 나도 그랬어. '더 선명해져라. 더 선명해져라' 속으로 주문을 외우며 마네킹처럼 굳어 있었지.

임신 테스트기 사용설명서에는 테스트스틱에 소변을 묻히고 5분이 지난 뒤 판독을 하라고 해. 임신이 아니더라도 공기 중에 산화되면 두 줄이 생기는 경우도 있으니 15분이 지난 후에 나타난 두 줄은 신뢰할 수 없기 때문이야.

나 같은 경우엔 3분이 지나자 희미한 두 줄이 보이기 시작했고 5분까진 조금씩 더 선명해졌어. 15분이 지나 한 번 더 확인해봤는데 더 선명해지진 않았지. (기기에 따라 소변을 묻히고 몇 분 뒤에 판독하라는 지침이 다를 수 있으니 동봉된 사용설명서를 꼭 읽어보도록 해!) 남편에게 말할까 말까 망설이다가 다음날 아침 한 번 더 해보고 두 줄이 더 선명해지면 말하기로 마음을 먹고 테스트기를 숨겨놨어.

임신하면 우리 몸은 인간 융모성 생식선 자극 호르몬HCG, human chorionic gonadotropin을 분비하기 시작해. 정확히는 수정 후 약 6일째부터 생성되는데 임신 4주째부터 급격히 늘기 시작해 9~13주를 기점으로 서서히 감소하지. HCG는 혈액 내에 흐르고 소변으로 배출되니 혈액 검사 혹은 소변 검사를 통해 측정할 수 있어. 임신 테스트기는 이 원리를 이용해 소변 안의 HCG를 측정해 임신 여부를 확인하는 거야.

온라인 커뮤니티를 보면 임신 테스트기는 생리 예정일을 전후로 2, 3일 연달아 해보라는 조언이 많거든? 임신 테스트기의 진단선은 소변 내 HCG의 농도가 낮으면 옅게, 높으면 진하게 표시돼. 앞서 말했듯 HCG는 임신 4~13주까지는 분비량이 늘어나니 2, 3일 연달아 검사해보면 점점 짙어지는 선을 확인할 수 있어. 첫째 날 희미하게 보이고, 둘째 날 조금 더 짙어지고, 셋째 날 더 짙어진다면 임신이 잘 진행되고 있다는 뜻이지.

다음날 아침 눈을 뜨자마자 다시 검사하니 전날보다 짙은 선이 보이더라. 최종 확인차 하루를 건너뛰고 그다음 날 아침에 테스트를 하니 대조선 만큼 진한 분홍 줄을 확인할 수 있었어.

알아두기

올바른 임신 테스트기 사용법

1. 임신 테스트기에 나와 있는 설명서를 충분히 숙지한 후 따라 하는 게 가장 좋다.
2. 소변을 묻힐 때는 1~2초 동안 소변을 본 다음 멈추었다가 스틱을 댄다.
3. 평평한 곳에 놓고 설명서에서 권장한 대기 시간을 꼭 지켜야 한다.
4. 아침 소변으로 테스트를 한다. 반드시 아침 첫 소변을 사용할 필요는 없지만 아침에 일어난 후 4시간 경과 전에 테스트한다면 인간 융모성 생식선 자극 호르몬 농도가 높아 더욱 정확한 결과를 얻을 수 있다.

임신 테스트기 결과 확인법

T C (양성 : 임신)

T C (음성 : 비임신)

T C (재검사 필요)

T C (재검사 필요)

임신을 대하는 바람직한 자세

사람 마음이 참 간사해. 분명히 임신은 나와 남편, 우리 부부의 일인데, 어서 빨리 남편에게도 이 '예쁜 두 줄'을 보이고 싶은 동시에 망설여지는 거야. 숨기고 싶었다는 게 아니라 '어떻게 말할까?', '어떤 표정으로 말할까?' 고민하게 되더라. 별일 아니라는 듯 테스트기를 내밀며 "두 줄이네?" 툭 말할까, "여보! 우리가 곧 부모가 된대!" 하고 만세를 부를까, 드라마에서처럼 밥을 먹다가 갑자기 입을 틀어막고 "우욱" 헛구역질을 해 은근히 알릴까 고민했지.

테스트기의 선명한 두 줄을 확인한 순간 기뻤어. 계획했고 기다렸던 임신이니 당연히 기뻤지. 그런데 실감나지 않더라. 임신했다는 것이 실감나지 않았다기보다는 부모가 된다는 사실이 얼떨떨했어. 현실을 훅 마주한 기분이랄까? '이제 정말 부모가 되는 거야?'라는 질문이 머릿속에 맴돌았어.

이런 비유가 이상하게 들릴지도 모르겠지만, 환불 불가 조건이 붙은 고가의 물건을 샀을 때의 느낌이랄까? 꼭 가지고 싶고 필요해서 매달 적금을 들어 샀는데, 막상 내 손에 들어오니 '정말 필요한 물건이었나?' 싶은 거 있잖아. 충분히 고민하고 결정했는데도 '정말 필요했을까?', '잘 쓸 수 있을까?', '더 고민했어야 하는 건 아닐까?' 다시 한 번 생각하게 되는 거. 그래서 남편에게 어떤 방식으로 말할지 고민했던 것 같아. 활짝 웃으며 말하고 싶었는데 (활짝 웃음이 나올 줄 알았는데!) 그게 아니었으니까. 임신을 마냥 기뻐하지 못하고 머리가 복잡해진 게 배 속의 아이에게, 남편에게 미안하더라.

점검하기

임신을 처음 알았을 때의 기분을 기록해보자.	
아내	남편

'임신은 당연히 기쁜 일'이라는 고정관념도 한몫했던 것 같아. 실제로 임신을 확인한 순간 많은 임신부가 나처럼 양가감정을 경험한다고 해. 온라인 커뮤니티만 봐도 "기쁜 일인데 왜 이렇게 걱정되는지 모르겠어요"라는 글이 많거든. 기쁨과 걱정을 동시에 경험하는 게 자연스러운데 우리 사회에선 '임신=기쁜 일'로만 여기기 때문에 '걱정'은 차마 말하지 못하는 거지. 걱정된다고 하면 "기쁜 일 앞두고 나쁜 생각을 하면 부정 탄다"는 핀잔이 돌아오니까.

고민 끝에 남편에게 이 마음 그대로 표현하기로 했어. 테스트기를 보여주며 "임신이래"라고 이야기했지. 그 순간만큼은 '예쁜 두 줄'을 확인한 순간의 떨림으로 돌아가더라. 남편도 활짝 웃으며 테스트기를 확인하고, 나를 꼭 안아줬어. 남편 품에 안겨 솔직한 마음을 이야기했어. "그런데 여보, 아기가 와줘서 정말 기쁜데 부모가 될 생각을 하니 걱정이 돼." 남편이 가만가만 등을 토닥이며 말하더라. "나도, 기다렸던 아기인데 막상 임신하니 싱숭생숭하네." 남편도 나와 같은 마음이었던 거지. 겉으로는 "뭐야! 당신이라도 마냥 기뻐해야지!" 하고 투덜댔지만 오히려 남편의 말에 안심이 됐어. 임신은 기쁜 일인 동시에 중요하고 묵직한 일이니까. 남편과 기쁨도 걱정도 같이 나누기로 했어. '좋은 부모가 될 수 있을까?' 걱정되면 임신을 계획하며 했던 이야기들을 떠올렸지. 그리고 만약 놓친 게 있더라도 아기가 태어나기까지 시간이 있으니 찬찬히 고민하고 하나하나 준비하자고 했어.

참, 그거 알아? 여성들은 임신을 확인한 순간 부모가 됐다는 실감을 하지만 많은 남성은 아기 심장이 뛰는 걸 확인한 순간 부모가 됐다고 느낀대. 아기가 태어난 뒤에야 실감했다는 남성도 적지 않아. 그래서 "임신이래"라고 말해도 남편이 예상만큼 기뻐하지 않을 수 있다고 하더라. 그 모습에 '기쁘지 않나?' 오해가 시작되고 말이야. 그러니 아내는 남편에게 임신했다고 말할 때 기대했던 극적인 환호성이 나오지 않더라도 토라지지 말 것. (내가 그랬어!) '예쁜 두 줄'을 '아기'와 연결하는 게 더딘 것뿐이니까. 남편은 아내가 임신 사실을 알릴 때 오버해서 기뻐할 것. (우리 남편은 셋째를 낳게 되면 진짜 오버해서 기뻐하겠대!) 조만간 그만큼 기뻐질 테니까.

약속하기

태교 선언문

우리 부부에게 소중한 보물이 찾아왔습니다.
임신 기간 동안 최선을 다해 태교하겠습니다.

남편 _ 아내의 몸과 마음의 작은 변화 하나에도 소홀하지 않겠습니다.
아내 _ 남편에게 고맙다는 표현을 더 자주 하겠습니다.

남편 _ 엄마가 되어가는 아내의 모습을 있는 그대로 사랑하겠습니다.
아내 _ 남편이 천천히 아빠가 되어가더라도 조바심을 내지 않고
응원하겠습니다.

남편 _ 하루에 한 번은 꼭 안아주면서 사랑한다고 말하겠습니다.
아내 _ 힘든 순간도, 행복한 순간도 '함께'라는 이름으로 잘 지내왔기에

우리 부부는 아기가 태어나기까지 함께 준비하고
함께 기대하며 함께 부모가 되어갈 것을 약속합니다.

아내	남편
(인)	(인)

병원은 언제 어디로 가야 할까?

정확한 것 좋아하는 이과 출신 남편은 아기를 임신 테스트기로 확인했지만 병원에 가서 초음파로 정확히 확인하자며 서둘렀어. 마음이야 나도 당장 산부인과에 달려가고 싶었지만 먼저 임신을 경험한 온라인 선배 부모들이 (이때까지만 해도 혹시 잘못될까봐, 혹시 테스트기가 오작동한 걸까봐 지인에게는 물어보지 못하고 온라인 커뮤니티에 묻고, 관련 게시물을 검색해 정보를 얻곤 했어.) 모두 말리더라. 이제 막 생리 예정일이 지났으면 병원에 가서 초음파를 해봤자 아무것도 보이지 않을 확률이 크다는 거였어. 임신 5~6주가 되어야 아기집과 난황이 보이니 그 전에 병원에 가면 혈액검사를 통해 나온 HCG 수치로 임신 여부를 판단한 뒤 "일주일 후에 다시 오세요"라는 말만 듣고 오게 된다고. 게다가 복부초음파로 아기를 확인한다고 생각하는데 임신 초기에는 복부초음파가 아닌 질초음파를 한대. 개인차가 있지만 대체로 임신 8주 이후부터 복부초음파로 아기를 확인할 수 있지. 그러니 임신 테스트기로 임신을 확인하고 바로 병원에 가면 아기를 보지도 못하고 (머리로는 필요하니 해야 한다는 걸 알지만 마음은 가급적 피하고 싶은) 질초음파만 한 번 더 하게 된다며, 마음이 급해도 천천히 가라고 조언하는 선배 부모가 많았어.

선배 부모들의 조언을 되새기며 일주일 동안 꾹 참기로 했어. 그동안 남편과 어느 병원에 갈까 의논했지. 남편은 병원만큼은 만일의 사태를 대비할 수 있는 곳으로 가자고 했어. 임신 중 입원할 상황이 생길 수도 있고, 출산 중 응급상황이 발생할 수도 있다며 말이야.

혹시 아기가 태어나 인큐베이터에 들어가거나 소아과 진료가 필요할 경우 바로 처치를 받으려면 아무래도 규모가 있는 병원에 가자고 했지. 나는 반대였어. 임신하기 전에도 가끔 산부인과에 가면 대기시간이 만만치 않았거든. 진료실에서 의사 선생님과 상담하고 초음파실로 이동해 초음파를 보고 다시 진료실로 이동해 판독 결과를 확인하면 짧아도 10~15분은 걸렸어. 보통 병원 진료시간이 3분이라고 하잖아. 산부인과는 예외인 거지. 임신 초기에는 2주에 한 번, 안정기에 접어들면 한 달에 한 번, 출산이 임박해지면 매주 산부인과에 검진을 가. 헤아려보니 임신 기간 중 병원에 가는 횟수는 대략 13~15번 정도. 이상증세가 있으면 더 자주 가야 하지. 예약했어도 2~3시간 대기해 진료받았다는 임신부들의 글을 보며 엄두가 나지 않았어. 나는 당시 만 29세에 임신해 고위험군 임신부가 아니라는 점도 이유가 되었고.

남편과 내 의견엔 각각 일리가 있었어. '대형병원 대 산부인과 전문병원'을 넘어 두 곳의 장점만을 최대한 모은 절충점이 없을까 고민하다보니 의외의 답이 보이더라. 일단 출산은 대형병원에서 하기로 했어. 그리고 임신 중 검진은 대형병원과 연계된 집 근처 산부인과에서 받기로 했지. 분만을 하지 않는 산부인과가 있고 이 경우 임신 후기로 접어들면 분만을 하는 대형병원으로 연계해줬거든. 안정이 필요한 임신 초기와 안정기인 중기에는 가까운 산부인과에서 산전 검사를 받다가 출산이 가까워지는 후기에 대형병원으로 옮기는 거지.

점검하기

우리에게 맞는 산부인과 찾는 법

일단 주변의 산부인과들을 검색해본다. 가장 가까운 대형병원, 검진부터 출산까지 가능한 산부인과, 검진만 가능한 산부인과 등의 장단점을 비교하고 어디로 갈지 결정해보자.

	종류	장점	단점
1	대형병원	혹시 모를 응급상황에 대비할 수 있다.	집과 거리가 멀거나 대기시간이 길어질 수 있다.
2	산부인과 전문병원	진료부터 출산까지 한 선생님에게 케어받을 수 있다.	출산 중 응급상황이 생기면 대형병원으로 옮겨야 해서 불안할 수 있다.
3	산부인과 + 대형병원 연계	진료는 가까운 산부인과에서 받고, 출산은 안전한 대형병원에서 할 수 있다.	담당 선생님이 바뀌기 때문에 마음이 불안할 수 있다.

Tip. 병원 결정에 조금 더 보태면

- 같은 지역에 최근 출산한 경험이 있고 성격이나 출산에 대한 생각이 비슷한 친구 혹은 동료가 있다면 물어보는 게 가장 좋다.
- 지역 온라인 커뮤니티 가입 후 검색 또는 추천을 받아보는 것이 좋다. 비교 중인 병원에 대한 생생한 후기들을 볼 수 있다.
- 가족분만실, 모자동실, 신생아집중치료실 등 중요하게 여기는 부분이 있다면 병원에 시설이 갖추어져 있는지 확인해보는 것도 중요하다.

결정하기

병원 결정하기

질문에 맞춰 병원 이름을 적어보자.
중복되는 병원이 있다면 최종 결정에 도움이 된다.

질문	1순위	2순위
집에서 가장 가까운 산부인과는?		
지인 추천 산부인과는?		
맘카페 추천 산부인과는?		
중요하게 여기는 부분이 잘 갖추어진 산부인과는?		
최종 선택		

병원을 고민하는 동안 임신 초기 증상이 하나둘 시작됐어. 잠이 많아져 드라마 본방사수를 포기했어. 대신 남편이 스트리밍 사이트에서 다운을 받아줘서 내가 보고 싶을 때 보기로 했지. 출근해서도 오후에는 졸릴 때가 많아 곤란하더라. 임신 전에는 커피를 마시며 졸음을 쫓았는데 임신을 한 이상 그럴 수도 없으니 난감했어. 가벼운 몸살이 난 것처럼 몸이 으슬으슬 춥고 쑤시기도 했어. 한마디로 '내 몸이 내 몸이 아니구나' 실감이 나기 시작했지.

임신, 호르몬의 마법

생리 예정일에서 딱 일주일이 지나 산부인과에 갔어. 초음파를 확인하니 자궁 안에 까맣고 작은 동그라미(아기집)가 보였고 그 안에 더 작은 점(난황) 하나가 보였어. 의사 선생님은 임신 5주 2일차라고 하시더라. 남편과 마주보고 활짝 웃으며 손을 꽉 잡았지. 그런 우리를 보며 선생님은 "축하드려요. 그런데 저는 2주 뒤에 아기 심장 박동을 확인하고 더 많이 축하드릴게요"라고 하시는 거야.

한국 여성 5명 중 1명은 자연유산을 경험하는데 그중 70퍼센트는 임신 초기에 일어난대. 가장 친한 언니가 임신 5주차에 아기집을 확인했는데 임신 7주차에 계류유산을 했던 기억이 났어. 어떻게 하면 유산하지 않을 수 있느냐고 물었지. "임신 초기 유산의 가장 큰 원인은 태아의 염색체 이상이니 산모가 할 수 있는 건 거의 없다"고 하시더라. 우리 부부의 표정이 너무 굳어졌나봐. "인명재천人命在天이라고 하잖아요. 자식도 똑같아요. 일단 마음을 편하게 먹고 아기 심장이 뛰길 기다려보죠. 아이를 믿고 기다리는 게 부모의 가장 큰 덕목이 아닐까요. 그 첫 연습이라고 생각하세요."

2주 뒤 다시 병원에 갔고 말 그대로 팔딱팔딱(아기 심장은 어른보다 대략 두 배 빨리 뛰어!) 뛰는 아기의 심장 박동을 확인할 수 있었어. 아기에게 진심으로 고마웠어. 의사 선생님도 다시 한 번 축하해주시며 임신부 수첩과 임신확인서를 써주셨지. 더 궁금한 것 없느냐는 말씀에 말할까 말까 망설이던 '고백'을 시작했어. 참다 참다 참지 못해 마셨던 커피, 옆자리 담배 애호가 동료에게서 풍기던 담배 냄새 등이 아이에게 영향을 미쳤을까봐 걱정이 된다고 말이야. 의사 선생님은 웃으시며 "하루 권장 카페인이 성인 기준 400밀리그램, 임신부는 200밀리그램이니 하루 한 잔 정도는 괜찮다"고 하셨어. 자세히 여쭤봤더니 임신 초기에 두통을 호소하는 임신부가 많은데 적지 않은 경우 커피를 마시면 안 된다고 알려셨기 때문이래. 물론 가급적 마시지 않으면 좋겠지만 커피를 갑자기 끊어서 생기는 '금단현상성 두통'에 시달리는 거지. 간접흡연도 임신 8주 이전까지는 태아가 아닌 '배아'로 분류할 만큼 작으니 크게 걱정하지 말라고 하셨어.

오히려 내 몸에 신경 쓰라고 하시더라. 임신 초기에는 우리 몸 안의 호르몬이 급격히 변화해. 우리 몸을 배 속 아이를 키우기 적합한 환경으로 만들기 위해 작용하는 거지. 그러니 임신부는 쉽게 피곤해지고 평소와 같은 생활을 하기 어려워. 나만 해도 임신 4주차에 '내 몸이 내 몸 같지 않네'를 느꼈고 임신 6주차에는 입덧이 시작되며 옆자리 동료가 아침으로 무얼 먹고 출근했는지, 남편이 회사에서 무얼 먹었는지 맞출 수 있을 정도였거든. 그만큼 식욕이 떨어지고 예민해지더라.

입덧은 임신부의 80퍼센트가 겪을 만큼 흔한 증상인데 대개 임신 5주차에 시작되어 16주까지 계속되다가 이후 자연스럽게 없어진다고 해. 명확한 원인이 밝혀진 건 아니지만 가장 유력한 원인으로는 HCG가 꼽혀. 앞서 HCG는 임신 4주째부터 급격히 늘기 시작해 9~13주를 기점으로 서서히 감소한다고 했잖아. 입덧이 시작되고 심해지다 나아지는 시기가 HCG의 농도 변화와 비슷한 거지. (물론 입덧을 하는 임신부 중 10퍼센트는 임신 20주까지 지속되는 경우도 있어.)

알아두기

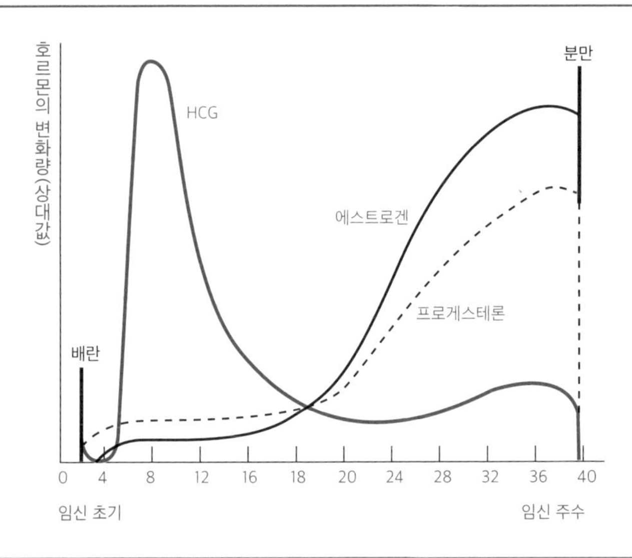

명확한 원인이 밝혀진 건 아니지만 입덧의 가장 유력한 원인으로 손꼽히는 HCG는 입덧이 초기에 심했다가 점점 완화되는 것처럼 임신 초기에 높아졌다 낮아진다. 반대로 에스트로겐과 프로게스테론은 점점 높아지는데 두 호르몬이 높아지면 피로감이 심해지고 몸살 기운, 미열 등 마치 감기에 걸린 것 같은 컨디션이 된다. 뿐만 아니라 혈관벽에 변화를 일으켜 잇몸이 붉어지거나 붓고 염증을 유발할 수 있으며 멜라닌 세포를 자극해 주로 겨드랑이, 유륜, Y존에 색소가 침착되고 얼굴에 기미가 생길 수도 있다. 또한, 에스트로겐과 프로게스테론이 대량 분비되면 대뇌 신경전달물질인 노르에피네프린과 세로토닌이 불균형 상태가 되어 감정 기복이 심해지고 근심 걱정이 많아진다.

어느 날은 샤워를 하다 거울을 봤는데 겨드랑이가 임신 전보다 까매진 것 같은 거야. 자세히 보니 유륜도 색이 짙어졌더라. 왜 이러나 싶어 깜짝 놀랐는데 임신 기간에 분비되는 에스트로겐과 프로게스테론이 (또 호르몬!) 멜라닌 색소의 생성에 관여하는 멜라닌 세포를 자극한대. 그래서 주로 겨드랑이, 유륜, Y존에 색소가 침착되고 얼굴에는 기미가 생기지.

이 시기는 변하는 내 몸에 적응하는 것도 힘들지만, 혹시 아이가 잘못되는 것은 아닌지 불안감도 커. 그래서인지 임신 초기에 '임신 우울증'에 걸리는 경우가 적지 않대. 나만 해도 부모가 된다는 사실에 들뜨다가도 좋은 부모가 될 수 있을까, 아니 아이를 무사히 낳을 수는 있을까 하는 걱정에 한없이 가라앉았어. 당장 임신만 해도 내 몸이 낯선데 아이를 낳으면 나는, 어떻게 달라질까 겁이 나기도 했고. 말 그대로 감정이 파도를 타더라.

그런데 알고 보니 이 감정 기복도 에스트로겐과 프로게스테론이 대량 분비되면서 (이번에도 호르몬!) 대뇌 신경전달물질인 노르에피네프린과 세로토닌이 불균형 상태가 되기 때문이라는 거지. 세로토닌은 우울증과 밀접한 관련이 있는 물질로 조금만 부족해도 근심 걱정이 많아진대.

'뭐야, 전부 호르몬 때문이라는 거야?' 싶지? 나도 그랬어. 물론 전부 호르몬 때문은 아니지. 그렇지만 호르몬의 영향으로 몸도 마음도 변하는 것이라고 생각하니 낯설기만 했던 내 몸과 마음의 변화가 조금은 편하게 받아들여지더라.

사실 내 몸에서 일어나지만 나도 임신이 처음이니 낯설고, 그런 나를 지켜보는 남편도 낯선 건 마찬가지였어. 그래서 같이 임신을 공부하기로 했어. 남편이 먼저 공부를 시작하더니 어느 날 의기양양하게 "이 모든 건 다 호르몬 때문이야!" 하더라. 임신 초기에 남편의 설명을 듣고 있으면 내 상태가 이해되고 마음이 편해졌어. 남편도 내가 임신하고 변했다고 생각했는데 호르몬의 영향으로 힘든 시기를 겪고 있다는 걸 알고 나니 마냥 안아주고 싶었다고 하더라. 이 시기 가장 큰 힘이 된 건 남편의 따뜻한 포옹이었어.

알아두기

Tip. 임신부가 조심해야 할 음식과 대체 방법

음식	이유	이렇게 드세요
라면	라면은 나트륨 함량이 높아 좋지 않다. 짜게 먹는 습관은 임신 중 다리 부종의 원인이 될 수 있고 태아의 혈관에도 나트륨을 전달할 수 있다.	라면을 먹을 때 국물은 가급적 먹지 않는다.
탄산음료	당분이 많이 함유된 탄산음료를 자주 마시면 임신성 당뇨의 발병 확률을 높일 수 있다. 또한 임신부의 혈중 당분이 과다하면 태어난 아이가 나중에 소아비만이 될 가능성이 커진다.	하루에 1~2잔 정도의 탄산음료 섭취는 태아나 임신부에게 해를 끼치지 않지만 그래도 탄산수나 생수로 대체하는 게 좋다.
김치, 젓갈	김치는 발효식품으로 건강에 좋지만 소금에 절인 음식이니 몸에 해로운 면도 있다. 평소 국, 찌개를 즐겨 먹는다면 나트륨 함량을 줄일 필요가 있다.	김치나 젓갈은 섭취량을 줄이고 나트륨 배출을 도와주는 칼륨이 많이 들어 있는 과일을 섭취하면 좋다.
커피	카페인은 태반을 통해 태아에게 그대로 전달된다고 한다. 200mg 이상의 카페인을 섭취할 경우 자연유산 가능성이 두 배나 높다는 연구 결과가 있다.	임신 중 카페인은 하루에 200mg을 넘지 않으면 괜찮다. 평소보다 물이나 우유를 많이 넣어 희석해서 먹는 게 좋다.

아빠를
준비하는 시간

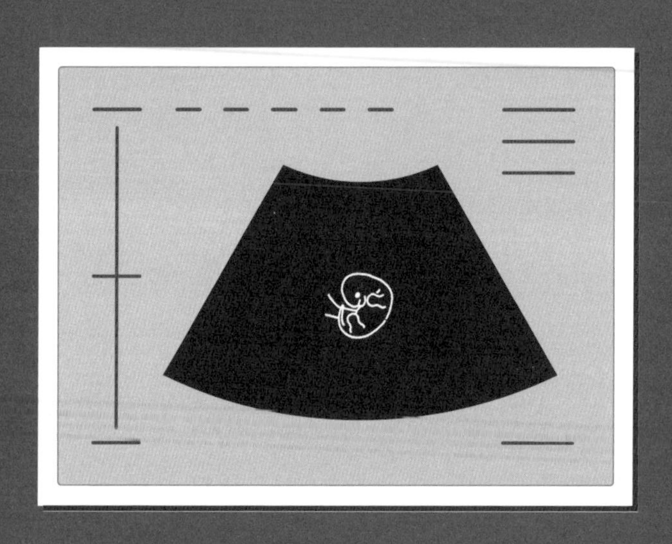

임신 3개월
8 ~ 11주

태아의 변화

8주

태아의 크기는 2cm 정도이며
눈, 코, 입이 생긴다.

9주

손가락이 생기기 시작한다.

10주

주요 장기가 모두 형성된다.

11주

손가락, 발가락 모양이 자리잡는다.

엄마의 변화

입덧이 더 심해진다. 자궁이 커지면서 방광을 눌러 소변이 자주 마렵다. HCG 호르몬으로 인해 피지의 양이 증가해서 피부 트러블이 생길 수 있다. 정서적으로도 불안감을 느껴 감정 기복이 심해지고 자주 짜증을 내며 분별력이 떨어질 수 있다.

함께 신경 써야 할 점

기형아 방지를 위해 엽산을 계속 챙겨 먹는다. 아직 안정기가 아니니 주의해야 한다. 임신 소식은 자연유산의 위험이 사라지는 10주 이후에 알리는 게 가장 좋다.

특명! 아빠의 역할을 찾아라

임신 기간, 특히 초기에는 호르몬의 급격한 변화로 몸과 마음이 평소와 달라진다는 걸 알고 나니 큰 힘이 됐어. '호르몬의 마법'이 이어졌거든. 가령 임신 8주차부터는 화장실에 가는 횟수가 줄어든 반면 화장실에 머무는 시간은 길어졌어. 변비가 생긴 거야. 조금 웃기게 들릴지 모르겠지만 배 속에 아기가 있다고 생각하니 화장실에서 힘을 주기가 조심스럽더라. 그러다보니 갈수록 변비가 심해졌는데 알고 보니 이것도 호르몬의 영향이었어. 임신하면 자궁 수축을 억제하기 위해 황체호르몬이 분비되는데 이 호르몬이 자궁뿐 아니라 다른 장기의 근육 수축도 억제한다는 거야. 그러니 장운동이 활발하지 못해 변비로 이어지는 경우가 흔하다는 거지.

남편한테 이 이야기를 하며 우리 아기가 엄마 몸에 변비부터 선물한 것 같다고, 유산균을 먹어도 소용이 없다고 했더니 어느 날 퇴근길에 프룬주스와 건자두, 바나나까지 사왔더라. 마트에서 변비에 좋다는 건 죄다 사온 느낌이었어. 하나만 사오지 왜 이렇게 많이 샀느냐고 했더니 주변에서 임신 중 변비에 효과를 봤다는 것들이 모두 다르더래. 그래서 그걸 다 사왔다는 거야. 그런 남편이 귀엽기도 하고, 고맙기도 하고….

사실 임신해서 힘들거나 마음이 복잡할 때마다 남편이 야속했어. 똑같이 준비해 똑같이 부모가 되는 줄 알았는데 임신 확인과 동시에 모든 짐이 나에게 옮겨온 느낌이랄까? 시쳇말로 독박을 쓴 것 같았지. 임신을 준비할 땐 술도 커피도 같이 줄이고 영양제도 같이

점검하기

임신 중에 남편이 챙겨주면 좋은 것들

- 산부인과는 되도록 함께 간다.
- 아내의 영양제를 챙겨준다. (철분제, 오메가-3, 종합비타민제, 엽산제 등)
- 전화나 문자로 밥은 먹었는지, 몸은 괜찮은지 등 일상생활을 챙겨준다.
- 퇴근하면서 먹고 싶은 음식은 없는지 체크한다.
- 한밤중이라도 아내가 먹고 싶어하는 음식이 있다면 사러 나가는 성의를 보인다.
- 걷기는 임신 중 최고의 운동! 퇴근 후 혹은 주말에는 함께 산책한다.
- 말 한마디, 행동 하나도 아내를 위해 평소보다 더 신경 써서 말한다.
- 출산 준비물과 아기용품은 함께 쇼핑한다.
- 아내의 배가 불러오면 뭉치기 쉬운 허리, 다리, 발을 자주 마사지해준다.
- 배에 튼살 크림을 발라주며 아기와 태담을 나눈다.

챙겨 먹던 남편이 임신 소식을 듣자마자 이제 영양제를 그만 먹고, 술을 마셔도 되는 거냐며 좋아하더라고. 그동안 임신을 위해 영양제를 먹고 술을 줄였으니 할 말은 없었지. 그런데 기분이 묘하더라. 나는 이제 본격적으로 시작하는 것 같은데 남편은 할 일을 다 한 느낌이었거든.

임신을 보통 초기, 중기, 후기로 구분하잖아. 그중 초기가 가장 힘들었어. 임신일까 아닐까 조바심이 났고, 임신을 확인한 뒤에도 유산의 위험이 큰 시기라고 하니 마음을 놓을 수가 없었어. 게다가 몸은 벌써 예전 같지 않은데, 안정기에 접어들 때까지는 주변에 말하기 조심스러워 티를 내지 않으려고 했거든. 그러다보니 몸도 마음도 예민해졌어. 유일하게 내 상태를, 우리의 변화를 알고 있는 사

실천하기

아내는 적고, 남편은 행동하기

임신 기간에 남편이 어떤 역할을 해주면 좋을까?
말하지 않으면 누구도 알 수가 없으니 남편이 어떤 부분을
신경 써줬으면 하는지 적어보자.

- 출근 전에 사랑한다고 말해주기
-
-

람은 남편이었지. 남들이 몰라주는 만큼 남편이 더 많이 알아주고 따뜻하게 안아주길 바랐는데 한발 물러선 분위기를 풍기니, 야속했지. (호르몬 때문은 아니야! 세로토닌이 정상적으로 분비되고 있는 지금도 이때를 생각하면 여전히 야속해!)

하루는 남편이 퇴근 후 친구들을 만나고 오겠다고 하더라. 알겠다고는 했는데 밤에 혼자 집에 있으려니 심통이 나서 온라인 커뮤니티에 '임신 초기 남편 야속'으로 검색했어. 그랬더니 의외로 나 같은 사람들이 많은 거야. 그리고 발견한 재밌는 댓글 하나. '임신부가 미워하는 사람이 있으면, 배 속 아이가 그 사람 닮는대요. 미워하지 마세요.' 피식 웃음이 났어. 어쨌든 남편에게 야속한 마음을 품고 있

으면 스트레스가 되고, 배 속 아기에게도 나에게도 좋지 않을 것 같아 솔직하게 이야기하기로 했어.

이야기를 꺼내니 오히려 남편이 반가워했어. 사실 임신을 준비할 때는 노력할 것도 있고, 챙겨야 할 것도 있어서 '같이 부모'가 되는 느낌이었는데 임신하고 나니 지켜보는 것 외에는 할 일을 모르겠다는 거야. 무얼 해야 할지는 모르겠는데 나는 점점 변해가는 것 같아 낯설었대. 관련 책을 읽고 포털 검색 창에 '임신 초기 남편 역할'을 검색해봐도 산부인과 정기검진 같이 가기, 임신부 강의 같이 듣기, 같이 운동하기, 집안일 같이하기 정도만 나오더래. 알고 보니 내가 자주 가서 정보를 얻던 임신부 커뮤니티들도 대부분 여자만 가입할 수 있었어. 남편 입장에서는 정보를 얻고 싶어도 한계가 있었던 거지. 그래서 우리 부부는 그때부터 내가 '아내 교과서', 남편이 '아빠 교과서', 우리를 '부부 교과서'로 삼기로 했어.

재미로 알아두기

예비 아빠들이 알아두면 좋은 육아 기초 용어 테스트

육출, 육퇴	육아를 직장 출퇴근에 비유하여 아이를 돌보기 시작할 때 육출, 아이를 재우면 퇴근한다는 의미로 육퇴라고 한다.
자유부인	아내들이 아이를 남편에게 맡겨두고 자기 혼자만의 시간을 갖게 되면 자유부인이라고 말한다.
등센서	아이를 안고 재우다 눕혔는데 바로 깨면 등센서가 작동했다고 말한다.

백일의 기적, 백일의 기절	100일 정도 되면 잠도 잘 자고 생활 패턴이 잡혀 육아가 편해진다는 의미다. 반대로 100일이 되어도 잠투정이 심한 아이는 백일의 기절이라 말한다.
도치맘, 도치파파	고슴도치도 제 새끼는 함함하다고 한다는 속담에서 유래한 표현으로 자기 아이의 우스꽝스러운 모습을 예쁘다고 말할 때 지칭하는 말이다.
독박육아	부모 중 한 사람이 혼자 육아를 도맡아 하는 것을 말한다.
통잠	아이가 깨지 않고 아침까지 푹 자는 것을 말한다.
완모	분유를 섞어 먹이지 않고, 순전히 모유로만 수유하는 것을 말한다.
혼수	모유와 분유를 혼합 수유하는 것을 말한다.
단유	모유를 끊는 것을 말한다.
얼집	어린이집의 줄임말이다.
조동	산후조리원 동기의 줄임말이다.
키카	키즈카페의 줄임말이다.
문센	문화센터의 줄임말이다.

임신은 '우리'가 부모가 되는 과정

서로가 교과서인 만큼, 우리를 공부하기로 한 이상 가급적 같이 있고 이야기를 많이 나누기로 했어. 사실 임신 관련 서적이나 전문가들이 말한 산부인과 정기검진 같이 가기, 임신부 강의 같이 듣기, 같이 운동하기, 집안일 같이하기 등도 모두 일상을 나누면 되는 것들이잖아. 이것에 더해 임신 초기에 생기는 일을 같이 살피며 '우리'가 어떻게 해야 할지를 고민하는 거지. 임신을 몸으로 겪고 있는 나는 내 몸에 생기는 변화를 많이 이야기했고 남편은 내가 내 몸의 변화에 적응하는 데 집중할 수 있도록 내 '할 일'을 줄여주기로 했어.

우선 입덧에 대해 이야기했어. 이 시기에 입덧이 가장 힘들었는데 말로 표현하기 어렵더라고. 나는 입덧 중에서도 음식 냄새만 맡으면 속이 울렁대는 '냄새덧'을 했어. 점심시간 후엔 옆자리 동료가 점심에 무얼 먹었는지를 묻지 않아도 알 수 있었지.

가장 괴로운 공간은 온갖 냄새가 섞이는 엘리베이터. 길지 않은 시간인데도 참기 힘들어서 12층 사무실을 쉬엄쉬엄 걸어 올라간 날도 많았어. 환기가 되지 않는 실내에서는 음식 냄새 때문에 하루 종일 나만의 전쟁을 치렀고 말이야. 음식 냄새만 맡아도 속이 편치 않으니 제대로 먹을 리가 없잖아. 먹지 못하니 기운도 없고 예민해졌지. 악순환이었어.

집에 오면 가방만 두고 침대에 누웠는데 남편이 대체 어디가, 어떻게, 얼마나 힘든 거냐고 묻더라. 심할 때는 숨냄새에도 토할 것 같다고 하니 믿지 못하는 눈치였어. 더이상은 설명하기도 어렵더라. 하긴 나도 임신하기 전에는 주변에서 입덧하는 지인들을 보며 안타깝긴 했지만 어느 정도 힘든지는 가늠되지 않았으니 남편이 이해하는 건 무리라고 생각했어.

그런데 인터넷을 보다보니 누군가 남편에게 입덧을 '잔뜩 술을 마시고 숙취에 시달리는 다음날 시내버스를 타고 비포장도로를 달리는 느낌'이라고 설명했다고 하더라. 무릎을 탁 쳤지. 나도 비슷했고, 남편도 상상할 수 있을 것 같았어. 이렇게 설명하니 남편 눈이 동그래지더라고. 그때 한마디 덧붙였지. "바로 그 느낌이 한 달 이상 가는 거야." 남편이 고개를 푹 숙이더라.

속이 비면 구역질이 나서 수시로 음식을 먹어야 하는 '먹덧', 먹기만 하면 토하는 '토덧', 본인 침을 삼키면 구역질이 나 수시로 침을 뱉거나 흘리는 '침덧', 양치하면 헛구역질하는 '양치덧'도 있어. 더 힘든 건 한 종류만 하는 게 아니라 두세 가지를 동시에 한다는 거야. 나도 '냄새덧'이 가장 힘들었지만 '토덧'을 같이 했으니까.

입덧이 시작되니 요리는커녕 밥솥에서 올라오는 증기 냄새도 맡기 힘들더라. 간단하게 식사를 준비하려고 냉장고를 열면 냉장고 냄새에 헛구역질이 올라왔어. 심지어 나는 방에 있고 남편이 베란다에 있는 냉장고를 열었는데도 그 냄새가 맡아졌지. 그나마 다행인 건 요리하는 냄새에는 입덧을 하는데 다 된 음식 냄새는 괜찮았다는 거야.

결국 남편은 우리집을 요리 금지 구역으로 선언하고 '맛있게 먹으면 그게 건강한 음식'이라며 음식들을 공수해오기 시작했어. '토덧'이 한창일 때는 아침에 일어나자마자 빈속이면 구역질이 올라와서 침대 머리맡에 크래커를 두고 자기도 했지. 아침에 눈떠서 바로 크래커를 먹으면 조금 나았거든. 회사 사무실에도 크래커, 가방에도 크래커, 내가 가는 곳곳마다 무항무취의 크래커를 두고 수시로 먹었어.

입덧이 더 괴로웠던 이유는 주변의 반응이었어. 나는 힘들어 죽겠는데 주변에서는 "엄마가 되기 위한 과정이니 참아라"라고만 하

실천하기

아내의 입덧을 어떻게 도와줄 수 있을까?

아내가 속을 게워 낼 때는 옆에서 머리카락을 뒤로 쓸어주고 등을 문질러 주면 좋다. 얼음물도 도움이 된다. 입덧할 때는 음식은 조금씩 자주 먹는 것이 좋다. 배 속에 항상 음식이 차 있으면 메스꺼움이 진정될 수도 있다. 또한, 냄새에 민감하기 때문에 식사를 준비하기보다 아내가 먹고 싶은 음식을 배달 시켜 먹거나 외식을 통해 해결하는 것도 좋다.

는 거야. 힘들다고 하면 "엄마가 될 사람이 그 정도도 못 참으면 어떻게 하느냐"는 다그침이 돌아왔지. 마치 입덧도 기쁘게 받아들여야 좋은 엄마인 것 같았어. 그러다보니 하루 종일 아무것도 먹지 못하고, 먹는 족족 토하면서도 해결할 방법을 찾기보다 어서 지나가기만 바랐던 것 같아.

정기검진을 갔더니 의사 선생님께서 임신 전보다 체중이 많이 빠진 것 같다고 염려하시더라. 수액과 구토억제제를 처방해주시며 입덧도 관리와 치료의 대상이니 마냥 참지 말고 힘들면 병원에 오라고 하셨어. 실제로 제일병원 주산기과 한정열 교수팀의 연구에 따르면 입덧은 체중 감소·전해질 불균형 등 임신 합병증을 유발해 산모의 건강을 해치고, 미숙아 출산의 위험도를 높이기도 해.

입덧하는 동안 집에서는 거의 누워만 있었어. 임신하기 전까지 우리 부부는 내가 요리와 청소, 남편이 설거지와 빨래를 담당했는데 가사분담을 할 수 없었지. 남편은 가사에 신경 쓰지 말라며 이참에 우리집 집안일을 재점검하자고 하더라. '남편 혼자 집안일을 다

하겠다는 건가?' 솔깃했어. 신혼 초부터 가사분담을 하고는 있었지만 그래도 아내인 내가 가사의 삼분의 이 이상을 담당하고 있었거든. 그런데 남편의 '집안일 재점검'의 목표는 집안일 줄이기였어. 집안일을 합리적으로 해서 효율성을 높이자는 거였지.

생각해보니 그렇더라. 난 입덧이 잦아들고 임신이 안정기에 접어들기만 바라고 있었거든. 그러면 이전 생활로 돌아갈 수 있을 것 같아서. 남편은 임신을 계획하며 만났던 선배 부부의 이야기를 꺼냈어. 선배 부부는 갓 돌이 지난 아이를 키우고 있었는데 아기가 태어나고 무엇이 가장 힘든지 물었더니 주저 없이 할 일이 많아진 걸 꼽았어. 아기를 돌보는 것만으로도 정신없는데 아기가 태어나니 집안일도 곱절로 늘어서 할 일이 곱절의 곱절로 늘었다는 거였지. 가끔 그 이야기를 떠올리며 나는 '어떻게 다 하지?' 겁을 내고 있었어. 남편과 "그래도 닥치면 다 하지 않을까?" 이야기하곤 했는데 입덧을 겪으며 이참에 가사를 재점검해 줄여두면 아기가 태어나서도 덜 힘들겠다고 생각하게 된 거지. 집안일 중 꼭 해야 하는 것, 빈도를 줄여도 되는 것, 사람이 해야 할 것과 기계가 해도 되는 것, 사람의 손이 필요하다면 꼭 우리의 손이어야 하는 것 등의 기준을 세우고 점검에 들어갔어.

단, 조건이 있었어. 같이 재점검을 하기로 했으니 적어도 세 번 이상은 같이 해본 뒤 논의하기. 나는 청소할 때 창틀 먼지까지 제거하는데 남편은 그렇게 해본 적이 없고, 남편은 설거지할 때 뜨거운 물로 애벌 설거지부터 하는데 나는 그렇게 해본 적이 없거든. 마치 계절이 바뀌어 옷장을 정리하는 것처럼 집안일을 다 꺼내놓고 하나

하나 점검하기로 했어.

집안일 점검은 남편이 주도했지. 남편이 요리하고, 남편이 청소하고, 남편이 빨래하는 걸 지켜보는 건 쉽지 않더라. 야채볶음밥을 하면서도 남편은 당근, 감자, 양파를 한꺼번에 볶았지. 요리되는 시간이 다르니 따로 볶아야 한다고 해도 "같이 볶는 거랑 큰 차이 없다"고 하더라. 내가 직접 하는 게 아니니 (사실은 잔소리할 기운이 없어서!) 지켜봤는데 요리된 걸 먹어보니 정말 큰 차이가 없는 거야. 남편이 내 반응을 보면서 "맛은 비슷한데 요리 시간을 20분 절약할 수 있으면 한번에 볶는 게 낫지 않아?" 의기양양했지. 빨래도 청소도 그랬어. 남편은 가사의 완성도보다 효율성을 따졌고, 덕분에 가사일이 줄었어.

신기한 건 집안일이 줄어든 만큼 부부싸움도 줄었다는 거야. 부부싸움을 많이 하는 편은 아니지만, 싸움을 하면 두 번 중 한 번은 집안일이 원인이었거든. 남편이 빨래를 하면 나는 탁탁 털어 널지 않는 게 거슬렸고, 수건을 3단 접기 하지 않는 게 마뜩잖았어. 남편은 집안일이 아니라 숙제 같고, 집안일을 끝내면 시원한 게 아니라 숙제 검사가 남아 있는 것 같은 기분이라고 했지. 우리 부부만 그런 건 아니야. 대부분의 부부가 가사를 두고 비슷한 상황을 반복해. 나처럼 "이건 이렇게 해야지", "아냐. 그렇게 하면 안 돼"라고 말하며 상대의 행동을 교정하거나 변화시키려고 하는 것을 '문지기 행동'이라고 하는데 이런 문지기 행동은 부부싸움의 원인이 되기도 하고 문지기 행동을 하는 아내를 둔 남편들은 집안일과 점점 멀어졌다고 하더라. '집안일을 해도 욕먹고 안 해도 욕먹기 때문'인 거지.

점검하기

집안일을 최대한으로 줄이기

꼭 해야 하는 것 → ○
빈도를 줄여도 되는 것 → △
임신 기간 동안 하지 않아도 될 것 → ×

청소		요리	
방 청소		장보기	
거실 청소		요리하기	
부엌 청소		식탁 닦기	
화장실 청소		설거지하기	
유리·거울 닦기		음식물쓰레기 버리기	
쓰레기 분리수거		식기 정리하기	
분리수거일에 쓰레기 버리기		냉장고 정리하기	
청소기 돌리기		조미료 보충 및 교환하기	
세탁		샴푸 등 채우거나 새로 갈기	
세탁물 분리하기		현관 신발 정리하기	
세탁기 돌리기		우편물 체크 및 폐기	
세탁물 널기		반려동·식물 돌보기	
세탁물 걷어서 개기		전구 갈기	
다림질하기		가계부 쓰기	
널브러져 있는 옷들 정리하기		공과금 납부하기	
침대 이불 정리하기		집안 행사 챙기기	
세탁소에 맡기기		기타	

가사를 재점검하며 이런 부분을 조율한 것 같아. 문지기가 아니라 같이 점검하는 입장에서 집안일을 바라보니 남편의 효율성에 박수를 보내게 되더라.

모를수록 공유하고 모를수록 물어보기

남편은 가사를 재점검하며 '할 일'을 줄이는 동시에 내 마음속 잡음도 줄여줬어. 임신하고는 불안한 게 많았거든. 가령 나는 아침에 일어난 직후 입덧이 심하다고 했잖아. 그런데 가끔 아침에 눈을 떠도 입덧이 없는 거야. 그러면 '밤사이에 아이가 잘못됐나?' 걱정되고. 남편은 그런 나를 보며 "출혈이나 심한 하복부 통증이 없으면 크게 걱정하지 않아도 된대. 우리 아기 잘 있을 거야"라며 다독여줬어. 물론 그 정도는 나도 알고 있었지. 그런데도 속절없이 걱정이 되니 불안했던 건데 남편의 입을 통해 들으면 안심이 됐어.

게다가 임신에 관해서는 들리는 말도 많아. 안 그래도 입덧 때문에 먹을 수 있는 음식이 별로 없는데 '오리나 닭을 먹으면 피부가 오돌토돌한 아기가 태어난다', '팥을 먹으면 자궁이 수축되어 유산으로 이어질 수 있다', '입덧할 때는 율무를 먹지 마라' 등. 피해야 할 음식이 너무 많은 거야. 남편한테 말했더니 "우리 엄마가 나 가졌을 때 유일하게 먹은 음식이 통닭이었는데 내 피부 봐라"와 같은 믿을 수 있는(?) 경험담이나 "팥은 차가운 성질의 음식이라 유산으로 이어질 수 있다는 말이 있는데 그보다는 이뇨작용을 촉진해 체액 감소로 이어질 수 있으니 너무 많이는 먹지 않는 것이 좋다", "율무는 포만감을 많이 주는 곡물이라 식욕이 저하될 수 있으니 입덧으로 입맛이 없을 때는 피하자"는 식으로 근거를 찾아줬어. 이야기를 나누다 보면 뭐든 과하거나 부족하지 않으면 되겠다는 결론이 나곤 했지.

돌아보면 이 시기 나는 늘 "~카더라"로 이야기를 시작하고 남편은 "사실은~"으로 정리해줬던 것 같아. 그렇게 정리할수록 머리가 가벼워졌고 스트레스도 줄었지. 그러고는 반성이 되더라. 나는 임신이 내 몸에서 일어나는 일이니 혼자 감당해야 한다고 생각했거든. 그게 아니라 내 몸에서 일어나는 일이니 임신의 또 다른 당사자인 남편에게 공유해야 하는 일이었던 거지. 알고 보면 남편이 마음이 없어서 함께하지 않은 게 아니라 몰라서 주변을 맴돌고 있었던 거야.

남편과 가급적 모든 걸 공유하는 습관은 임신했을 때부터 아이를 키우는 지금까지도 계속 도움이 되고 있어. 세상에 100명의 아이가 있으면 100개의 육아법이 있다는 말이 있거든. 한마디로 육아에 정답이 없다는 이야기이고, 내 아이와 우리 가족에게 맞는 육아법은 모두 다르다는 뜻이야. 반대로 그만큼 조언하고 참견하기 쉬운 게 육아더라. "내가 해봤더니 그게 아니고~" 할 말이 많거든. 초보 부모 입장에서는 이것도 맞고 저것도 맞고, 아이에게 이것도 해주고 싶고 저것도 해주고 싶어져. 그럴 때 남편한테 "이렇대~"라고 이야기하면 "정말 그럴까?"라며 객관적인 태도로 받아쳐주니 뿌리까지 흔들리진 않을 수 있었어.

현명하게 소비하는 법 익히기

나는 지금 당장 내 몸의 변화, 배 속의 아기가 걱정이었지만 반대로 남편은 아기가 태어난 뒤를 많이 생각했어. 임신을 계획하며 경제적인 부분을 고민했는데도 막상 임신을 하니 또 느낌이 다르다는 거야. 당장 임신을 확인하고 산전 검사를 받았을 때 보건소에서 기본적인 검사를 받고 추가되는 것들만 했는데도 거의 10만 원이 나왔거든. 정기적인 산전검진에 1차, 2차 기형아 검사와 정밀초음파 검사 등 굵직한 것만 합쳐도 적지 않은 돈이 들어. 거기에 출산 비용과 산후조리원 비용을 더하면 두세 달 치 월급을 웃돌지.

태어나면 끝인가? 진짜 시작이지. 기저귀에 분윳값도 만만치 않아. 조금 더 자라면 교육비에 더 자라면 학자금까지…. 남편은 가끔 선배 부모들이 퇴근하며 "오늘도 기저귓값은 벌었다"고 하는 말이 우스갯소린 줄 알았는데 어느 날부터는 서글프게 들렸다고 하더라.

한국보건사회연구원이 2013년에 발표한 자료에 따르며 아이가 태어나 대학 졸업까지 드는 총 양육비는 평균 3억 원이 넘었어. 좀 오래된 조사지? 그래서 2017년에 연평균 성장률을 감안한 추정치가 나왔는데 4억 원에 육박하더라. 육아정책연구소의 보고서에 따르면 부모들은 자녀 양육에서 가장 어려움을 느끼는 점으로 '양육비용에 대한 부담(33.9%)'을 꼽았어.

솔직히 아찔했어. 이 통계를 본 뒤로 4억이라는 숫자가 내내 머리를 맴돌았지. 우리 부부는 출산휴가가 끝나면 내가 육아휴직을 하기로 했거든. 육아휴직급여가 나오기는 하지만 (육아휴직급여는 휴

알아두기

대한민국 양육비 계산기

아이를 키우는 것은 선택의 연속이다.
요람에서 대학까지 단계별로 부모 선택에 따라 양육비가
총 얼마 드는지 계산을 해주는 사이트가 있어 소개한다.

직 전 임금 수준에 따라 첫 3개월은 최대 월 150만 원, 4개월 차 이후는 최대 월 120만 원을 받을 수 있어.) 둘이 같이 벌 때와는 비교할 수 없는 수준인 게 사실이야. 부양가족이 늘어 지출이 늘었는데 수입은 줄어드는 상황인 거지. 그러다보니 남편은 어깨가 무거워졌던 거고.

남편에게 경제적인 부담감을 혼자 떠안으려 하지 않으면 좋겠다고 했어. 결혼하고 쭉 경제적인 책임을 함께해온 것처럼 앞으로도 그러자고 말이야. 그리고 더 많이 벌려고 하는 대신 현명하게 지출하자고 했어. 사실 나도 걱정이 됐거든. 그래서 임신을 계획할 때 친정 부모님께 여쭤본 적이 있어. "엄마 아빠는 자식이 하나도 아니고 셋인데 그 돈을 어떻게 다 감당했느냐"고 말이야. 질문이 끝나기도 전에 "다 감당하지 못했다"며 장난스럽게 손사래를 치셨지. "엄마 아빠가 너희들 키울 때는 지금처럼 돈이 많이 들진 않았지만 넉넉하지 못한 살림에 부담이 된 건 사실이다. 남들만큼은 해주고 싶

실천하기

서로를 위한 적금 들기

아이가 태어나면 나를 위한 지출에 인색해진다.
지금부터 한 달에 5만 원씩 남편은 아내 앞으로,
아내는 남편 앞으로 적금을 들면 어떨까?
돼지저금통에 모으는 것도 좋다.

그리고 아이 첫돌에 '부모 첫돌'을 맞은 서로에게 선물하기!

은데 그럴 수 없으니 미안했고 그럼에도 삼 남매 모두 잘 자라줘서 고마웠다"고 하시더라.

"우리 셋 없었으면 엄마 아빠 풍요롭게 생활했을 텐데…"라고 말씀드렸더니 "대신 현명하게 쓰는 법을 배웠다"고 하셨어. 원하는 만큼 돈이 있는 게 아니니 아깝지 않게 지출하려고 노력하셨다는 말씀이었어. "돈이 많이 든다고 겁내지 말고, 돈 앞에 너무 쩔쩔매지 말고, 그렇다고 헤프게 쓰지도 말고 의미 있게 돈을 쓰고 있는지 점검하라"는 말씀은 그대로 우리 부부의 경제관이 됐어.

임신
4개월

부부의 팀워크 점검하기

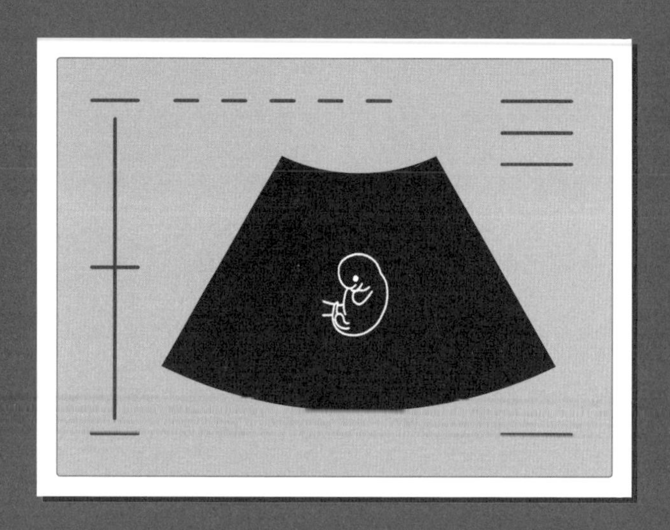

임신 4개월
12 ~ 15주

태아의 변화

12주
안정기에 들어가며
사람과 거의 비슷한 형태를 갖춘다.

13주
뼈가 만들어지기 시작한다.

14주
태아의 크기는 10cm 정도로
생식기관의 기능이 가능해진다.

15주
머리카락이 자라고, 근육도 발달한다.

엄마의 변화

입덧이 많이 가라앉고 식욕이 왕성해진다. 아랫배가 조금씩 불러오기 시작한다. 호르몬의 영향으로 유두, 겨드랑이, 허벅지 안쪽 피부가 검어진다. 변비와 두통이 심해지기도 한다.

함께 신경 써야 할 점

안정기인 임신 중기로 접어들어 운동을 조금씩 해도 좋다. 이때부터 체중이 늘기 시작하는데 급격히 늘지 않도록 신경 써야 한다. 변비가 오면 유산균을 먹고 과식하지 않는다. 충분히 수분을 섭취하고, 충분한 휴식을 취한다.

맛집

산전초음파, 총 몇 번이 좋을까?

임신 테스트기로 임신을 확인하고 5주차, 7주차, 9주차에 병원에 갔는데 9주차에 다음 검진일을 예약하려니 13주차에 오라고 하시는 거야. 계속 2주 간격으로 병원에 가서 11주에도 갈 줄 알았는데 한 달 후에 오라니 놀랐지. 의사 선생님께 "그래도 괜찮나요?" 물었더니 임신 중기부터는 태반이 완성되어 안정기에 접어드니 검진 횟수를 줄여도 괜찮다고 하셨어. '그만큼 안심해도 된다는 뜻인가보다' 고개를 끄덕이긴 했지만 괜히 마음이 불안하더라.

진료실을 나서자마자 인터넷을 뒤지기 시작했지. '초음파를 한 달에 한 번만 봐도 되나요?'라는 질문은 많았어. 특별한 이상이 없다면 검진 주기를 더 늦춰도 된다는 댓글들이 줄을 잇더라. 첫째를 임신했을 때는 병원에서 오라고 할 때마다 갔는데, 둘째를 임신하니 아기가 배 속에서 잘 놀고 특별한 이상이 없으면 검진을 건너뛰기도 한다는 댓글도 있었어.

놀랍게도 미국, 영국 등 외국은 우리나라보다 초음파를 덜 본다고 해. 검색을 하다가 미국 유학생이라는 한 엄마가 올린 글도 봤는데 그 엄마는 임신부터 출산까지 초음파를 딱 3번 봤다고 했어. 임신 테스트기로 임신을 확인하고 병원에 전화했지만 아기 심장 박동이 들리기 전까지는 진료를 볼 수 없으니 8주 이후에 오라고 했대. 그렇게 처음 병원에 갔을 때 한 번, 임신 중기에 정밀초음파 한 번, 그리고 출산 직전에 한 번. 이렇게 3번이었다는 거야.

이제 막 임신 중기에 들어섰는데 이미 초음파 검사를 3번 받은 나와 비교가 됐지. 그렇다면 우리나라는 임신 기간 동안 몇 번의 초음파 검사를 하는 건지 궁금해졌어. 국민건강보험공단의 2015년 설문조사에 따르면 우리나라 임신부들은 평균 7.5회 초음파 검사를 받았어. 3번 vs 7.5번, 꽤 큰 차이야.

더 자세히 알아보니 산전초음파 검사를 놓고 의학계에서도 논란이 많더라. 식품의약품안전청은 초음파가 태아에게 위해하다는 증거가 없다고 하더라도 초음파 때문에 자궁 내 온도가 상승할 수 있다고 경고한 적이 있어. 이에 산부인과의사회는 일반초음파 검사는 50시간을 지속해도 신체 온도를 1.5도 올리기도 힘들다고 반박했지. 결국 대한산부인과학회는 임신 기간 초음파 검사 횟수를 5회(일반초음파 3회, 입체초음파 1회, 태아 심장초음파 1회)로 권고했어.

반면 산모의 나이에 따라, 체중에 따라 검진 횟수는 달라지니 권고치를 정할 수 없다고 주장하는 전문가도 있어. 여전히 논란은 계속되고 있어. 가장 최근으로는 건강보험심사평가원이 2016년 10월부터 산전초음파는 총 7회에 한해 건강보험 혜택을 적용하기 시작했는데 여기에 대해서도 7회가 너무 많다는 의견이 있으니까.

고민 끝에 우리 부부는 예약 날짜에 맞춰 꼬박꼬박 병원에 가기로 했어. 단 진료받으며 의사 선생님과 초음파 검사가 꼭 필요한지 상의했고 특별한 이상이 없고 아기가 잘 자라고 있는 것 같다고 하시면 검사를 받지 않았어. 아기가 궁금하긴 했지만 궁금한 만큼 세상에 태어났을 때 더 반갑게 맞아주기로 하면서.

알아두기

건강보험 급여 혜택을 받을 수 있는 산전 초음파

주수	횟수	확인사항
임신 11주 미만	2	임신 여부 및 종합적인 확인
임신 11~13주	1	태아 목덜미 투명대 확인, 진단 가능한 기형 진단
임신 14~20주	1	태아 안녕, 양수량 확인, 태아 성장 평가
임신 16주 이후	1	태아 성장 및 기형 여부 진단, 양수량 확인
임신 20주 이후	1	태아 성장 및 안녕, 양수량, 태반 이상 유무 확인
임신 36주 이후	1	태아 성장 및 안녕, 양수량, 태반 이상 유무, 태아 위치 확인

회사에 임신 소식을 언제 알릴까?

임신 기간에는 의사 선생님의 말씀이 '위약僞藥'이었던 것 같아. 의사 선생님께 "이제 안정기에 접어들었으니 입덧도 나아질 거고 몸도 조금은 편해질 거예요"라는 말을 들은 순간부터 입덧이 사그라들기 시작했거든. 진짜야! 하도 신기해서 남편한테 "임신 초기에 선생님이 입덧 안 할 거라고 하셨으면 입덧도 안 하지 않았을까?"라고 진지하게 물었다니까. 앞서 말했듯 임신 중기에 들어서면 대부분 입덧이 줄어든다는 걸 알고 있었으면서도 말이야. 아무튼 두 달여 만에 먹고 싶은 게 생기고 음식을 떠올렸을 때 헛구역질이 나는 게 아니라 침이 고이니 그것만으로도 행복하더라.

컨디션이 조금씩 나아지는 것 같으니 일단 미뤘던 숙제부터 하기로 했어. 임신 사실을 회사에 언제 어떻게 알릴까 계속 고민했거든. 임신을 확인하러 병원에 갔을 때 의사 선생님은 혹시 모르니 아기 심장이 뛰는 걸 확인한 뒤에 주변에 알리라고 하셨어. 기운이 쭉 빠졌지. 임신 테스트기로 확인한 날 바로 양가 부모님께 알리고 싶었거든. 혹시 임신이 아닐지도 모르니 괜히 설레발치다 실망시켜드리고 싶지 않아 병원에 다녀와서 알리자고 정말 온 힘을 다해 꾹꾹 참았단 말이야. 그랬는데 심장이 뛰는 걸 확인하면 알리라고 조언하시니 또 2주를 어떻게 참나 싶었지. 한편으로는 좋은 소식이라고 알렸다가 만약 잘못되어 좋지 않은 소식을 전해야 한다면, 생각만으로도 아찔하더라. 결국 의사 선생님 말씀대로 조금 더 참기로 했어. (고백하자면 입이 너무 근질거려서 다음날 친정엄마한테 전화해 "엄마, 이거 비밀인데, 나 임신 5주래. 아직 아무한테도 얘기하지 마"라고 했어. 엄마가 남편에게 전화해서 "임신했다며? 축하해. 아무한테도 말 안 할 테니까 걱정 마"라고 하셔서 내가 약속을 깬 걸 딱 들키긴 했지만.)

양가 부모님과 지인들에게는 이 소식을 언제 어떻게 알릴까 행복한 고민을 했다면 직장은 반대였어. 언제 어떻게 알려야 업무에 덜 지장을 줄까, 팀원들이 부담을 느끼지 않을까 고민되더라. 동료로서는 축하한대도 팀원으로서는 마냥 축하할 소식이 아닐 수 있으니까.

알아두기

임신 4개월차에 접어들면 메스꺼움과 구토가 끝나거나 많이 가라앉는다. 하지만 입덧이 완전히 끝나는 건 아니다. 계속 지속될 수도 있고 극히 드문 경우 입덧이 다시 시작되기도 한다. 그러니 임신으로 생기는 증상에 관한 한 관련 서적보다 본인의 컨디션을 기준으로 삼는 것이 좋다.

아기의 심장 박동을 확인하고 나서는 고민이 더 깊어졌어. 직장에 임신 사실을 이야기하는 건 어찌 보면 동전의 양면 같았거든. 임신 초기라 가급적 조심해야 하니 말하긴 해야 할 것 같은데, 조심해야 하는 시기니 말을 못하겠는 거야. 팀원들이 업무에 지장이 생기지 않을까 걱정할까봐, 임신했다는 이유로 업무에서 배제될까봐.

그렇다고 티를 내지 않고 평소처럼 생활하려니 하루 9시간을 머무는 곳인데 너무 힘들더라고. 꾸벅꾸벅 졸기도 하고 수시로 간식을 먹고 갑자기 화장실로 뛰어가기도 하고 기운도 없고. "감기인가봐", "어제 음식을 잘못 먹어서" 핑계를 대기 바빴어. 회식하면 한약 먹어서 술을 못 마신다고 했지.

나만 이런 고민을 한 건 아니야. 대부분의 여성 회사원들은 임신하면 커리어에 불이익을 받을까봐 걱정해. 우리 사회가 나아지고 있긴 하지만 임신이 경력에 타격을 준다는 건 여전히 부정할 수 없는 사실이거든. 한 취업포털에서 실시한 조사에 따르면 중소기업 인사 담당자 10명 중 8명은 피고용자의 출산휴가 및 육아휴직에 부담을 느낀다고 답했어. 대기업이 낫긴 하지만 그래도 10명 중 6명

점검하기

현명하게 임신 사실 직장에 알리기

아래 내용을 충분히 고려한 후 상사에게 알린다면 조금 더 효율적이다.

1. 회사의 출산휴가 정책에 대해 알아본다.
2. 출산휴가를 언제 시작할지 고민한다.
3. 육아휴직을 누가, 언제부터, 얼마만큼 쓸지 생각해본다.

이 같은 대답을 했고. 실제로 기업 두 군데 중 한 군데는 육아휴직을 하면 퇴사 권유, 연봉 동결 또는 삭감, 승진 누락, 낮은 인사고과 등 불이익이 있다고 답했지. 이런 분위기를 현장에 있는 당사자가 모를 리 없잖아. "회사에는 배가 부르면 알려라"라는 시어머니의 말씀에 "어머니, 요즘 회사는 옛날과 달라요. 아이 낳아도 회사에 계속 다니는걸요"라고 했지만 나 역시 임신 사실을 알리지 못했어. 의사 선생님의 "임신 중기에 들어섰으니 조금씩 편안해질 것"이라는 말씀에 그제야 "업무에 지장이 없을 것 같으니 이제 말해도 되겠다"는 생각이 들었지.

주변에 물어봤어. 병원에서 유산의 위험이 있으니 절대 안정을 취하라고 했다는 임신부, 외근이나 야근, 회식이 잦은 직종에 종사하는 임신부 그리고 직원의 임신 소식을 자연스럽게 받아들이는 분위기의 회사를 다니는 경우를 제외하고는 모두 임신 중기 이후에 직장에 임신 사실을 알렸더라. 나 역시 이런저런 계산 끝에 임신 중기에 직장에 알렸어. 지금 생각해도 씁쓸해.

우리 둘만의 마지막 시간

그 와중에 힘이 된 건 남편이었어. 남편은 내가 임신하니 길에서도 회사에서도 임신부만 보였다고 하더라. 출퇴근길 지하철에서도 배가 불러서 임신부 배지를 달고 있는 임신부가 하루에 한두 명은 꼭 보이는 게 신기했대. 하긴 나도 그랬어. 내가 임신하고 나니 임신부만 보이며 '세상에 임신한 사람이 이렇게 많았나?' 싶더라. 그리고 남편은 그전엔 몰랐는데 지하철을 탄 임신부들이 대부분 서 있는 게 안타까웠대. 임신부 배려석이 있지만 이미 다른 분이 앉아 있지. 게다가 출퇴근길이니 얼마나 복잡해. 빽빽한 사람들 사이에서 밀리지 않으려 버티는 모습이 안쓰러워 하루는 임신부 뒤에 가서 서 있었다더라. 밀리지 않도록 뒤에서 몰래 버티고 서 있어준 거지.

남편 직장은 내가 다니는 직장보다 부모 직장인에 대한 이해도가 높았어. 임신하면 업무를 무조건 덜어주기 전에 당사자에게 묻는대. 무리가 없다고 하면 진행하고 무리일 것 같다고 하면 덜어준다는 거야. 임신하고 나니 주변에서는 배려한다고 업무에서 제외될 때가 있는데, 고마울 때가 있는 반면 '배려가 아니라 배제되는 거 아닌가' 불안하기도 했거든. 임신부의 의사를 물어보고 반영하려는 노력이 인상적이었지.

반가운 건 아이를 낳고 8년째 직장에 다니다보니 남편 직장 같은 곳이 늘고 있다는 거야. 우리 회사만 해도 근래 임신한 후배들은 임신 초기에 큰 부담 없이 이야기하고 임신 기간에 단축근무를 하기도 해. 시간이 지날수록 더 나아질 거야.

실천하기

찰칵! 둘만의 사진 남기기

배가 나오면서 살이 찐 모습을 남기기 싫어 사진을 피하는 경우도 많아. 하지만 시간이 지나고 보면 모두 추억이야. 배가 점점 나오는 아내의 실루엣을 주수별로 찍어도 좋고, 부부가 함께 셀카를 찍어도 좋아.
나중에 아이가 태어나면 더욱 소중해질 둘만의 시간을 사진으로 남겨보자.

아무튼 직장에도 알리고 몸도 편해지기 시작하니 이 순간이 새삼 소중했어. 이제 여섯 달 뒤면 '우리 아기'가 태어날 거고, 우린 세 식구가 되는 거니까. 그날이 기다려지면서도 남편과 둘만의 오붓한 시간은 한동안 갖기 어렵겠구나, 아쉽기도 했어. 그래서 '부부 버킷리스트'를 만들어보기로 했지. 우리 둘만의 시간을 어떻게 보낼까 계획을 세웠어.

내 버킷리스트 1번은 맛집 찾아다니기. 남편의 1번은 심야 데이트하기. 그래서 퇴근 후에 만나 맛집을 찾아다녔어. 특히 매운 거! 조금 조심스럽기도 했는데 나중에 모유 수유하면 더 못 먹을 테니까, 눈 딱 감고 즐겼어. 줄 서서 기다렸다가 음식을 먹는 거라면 질색하던 남편도 이때만은 "아기가 태어나면 더 줄 설 수 없을 테니까"라며 즐기더라.

남편의 버킷리스트 2번은 놀이공원 가기였어. 연애할 때 종종 놀이공원에 가곤 했거든. 생각해보니 결혼하고는 한 번도 가지 않았더라. 그래서 말이 나온 김에 놀이공원에 가자고 했더니 남편이

실천하기

임신 기간 동안 실천하고 싶은 우리 부부만의 버킷리스트를 작성해보자.

아내	남편
• 맛집 찾아다니기	• 심야 데이트
•	•
•	•

주저하는 거야. 훗날 아기랑 셋이 가게 될 일이 많을 것 같다면서. 그것도 맞는 말이더라. 그래서 놀이공원은 나중으로 미뤘는데 지금 생각하니 조금 후회돼. 실제로 아이들과 놀이공원에 자주 가긴 하거든? 그런데 우리가 머무는 곳은 어린이용 놀이기구들이니까! 360도 회전하는 롤러코스터, 심장이 쿵 떨어질 것 같은 자이로드롭 같은 놀이기구는 근처에만 가도 아이들이 울음을 터뜨려 구경도 못해. 이럴 줄 알았으면 아이들 태어나기 전에 와볼걸, 둘이 마주보고 웃었어. (물론 임신한 나는 못 탔겠지만 남편이 타고 나는 구경만 해도 대리만족했을 거야.) 똑같은 일이라도 남편과 나, 우리 둘이서만 했을 때와 아이까지 셋이 할 때는 느낌도 재미도 다 다르더라. 그러니 지금 하고 싶은 일이 있다면, 미루지 말고 지금 해봐. 그리고 나중에 아이와 또 해봐. 아이한테 "여기 엄마 아빠가 너 태어나기 전에도 와봤는데 정말 좋았어. 그래서 너랑 같이 오겠다고 다짐했어"라고 말해줄 수 있으니까.

실천하기

버킷리스트를 실천하기 위해서는 구체적인 계획이 필요하다.
서로가 쓴 내용을 비교해 중복되는 부분은 합치고,
다른 부분은 나열해서 적어보자. 완료 후에 체크하면 성취감이 배가 된다.

	실천 내용	일정	체크
1			
2			
3			
4			
5			

부모가 되기 전 중간 점검

부모가 되기 전에 중간 점검을 해보기로 했어. 남편과 솔직 토크 시간을 가졌지. '결혼해 살아보니 아내의(혹은 남편의) 이 점은 아이에게 물려주고 싶다! 반대로 이 점은 물려주고 싶지 않다!'를 솔직하게 이야기해봤어. 일단 물려주고 싶은 점부터 시작했지. 남편은 내 일기 쓰는 습관을 꼽았어. 나는 남편의 건강 챙기는 습관.

나는 대학 때부터 매일은 아니어도 꾸준히 일기를 써왔거든. 학교에 다닐 때는 숙제여서 그랬는지 쓰기 싫었는데 대학생 때 갑자기 쓰고 싶더라고. 집에 오는 버스에서, 공강 시간에 한두 줄씩 일기를 쓰는 것만으로도 내 생활이 정리됐어. 일기를 쓰려면 아무래도 나를 한 걸음 떨어져서 바라보게 되거든. 내가 뭘 잘하는지, 무엇이 부족한지 파악하는 데도 도움이 됐어.

그 모습이 좋아 보였는지 남편은 우리 아이에게도 일기 쓰는 습관이 있으면 좋겠다고 한 거야. 나도 그랬으면 좋겠기에 남편에게 제안했어. 우리부터 태교일기를 써서 아이에게 선물해주자고. 사실 그동안 나 혼자 쓰고 있었거든. 부모가 일상 속에서 실천하고 있는 습관이라면 아이도 자연스럽게 접하고 같이할 가능성이 높으니 우리부터 해보자는 거였지. 남편도 흔쾌히 동의했어. 다만 분량은 정하지 말자고 하더라. 그리고 꼭 글만 고집하지 말자고도 했지. 오랜만에 일기를 쓰는 게 어색하다며 그림이나 이모티콘으로 대신하고 싶다고 말이야. 그렇게 남편과 같이 태교일기를 쓰게 됐어.

남편은 건강을 참 잘 챙겨. 본인의 몸 상태에 관심이 많아. 나는 컨디션이 안 좋으면 '이러다 좋아지겠지' 무심히 넘기는 반면 남편은 '컨디션이 안 좋으니 운동해서 땀을 빼야겠다' 혹은 '바쁘지만 일단 일을 미루고 푹 자야겠다' 식으로 관리를 하거든.

그러다보니 나는 잔병치레가 잦지만 남편은 아픈 일이 거의 없어. 결혼하기 전에는 남편이 건강 체질인 줄 알았는데 같이 살면서 지켜보니 건강을 잘 관리하는 거더라. 그런 남편을 보면서 우리 아이도 아빠처럼 본인의 건강을 잘 챙기면 좋겠다고 생각했지. 이번엔 남편이 제안했어. 그러길 바란다면 나부터 내 몸이 보내는 신호

점검하기

서로 물려주고 싶은 좋은 습관이 있다면 한번 적어보자.

아내	남편
• 일기 쓰는 습관	• 철저한 건강 관리
•	•
•	•

에 민감해지라고. 마침 임신해서 평소보다 내 몸에 관심이 많은 시기인 만큼 몸이 불편하다면 무심코 넘기지 말고 왜 불편한지, 어떻게 하면 편해질지를 생각해보기로 했어.

물려주고 싶지 않은 습관도 이야기했지. 나는 남편의 '이래도 흥 저래도 흥'하는 습관을, 남편은 나의 과도한 걱정을 꼽았어.

내가 어떤 질문을 해도 남편은 대부분 "아무거나"라고 답하거든. 남편 입장에서는 정말 "아무거나 상관없다"는 뜻일 수도 있지만 내 입장에서는 "관심 없으니 마음대로 해"라고 읽힐 때가 종종 있어. 특히 같이 고민했으면 하는 것을 물었을 때, 선택을 앞두고 망설여질 때 남편이 "아무거나"라고 답하면 서운하더라. 물론 "네 선택에 맡길게"라는 태도가 고맙기도 하지만 적어도 내가 같이 고민하고 싶어할 때는 같이 고민해줬으면 좋겠다고 했어.

남편이 놀라더라. 내가 "어떻게 하면 좋겠어?"라고 묻는 게 같이

점검하기

서로 물려주고 싶지 않은 습관도 한번 적어보자.

아내	남편
• 과도한 걱정	• 무성의한 답변
•	•
•	•

고민하자는 뜻이었다는 걸 몰랐다는 거야. 당장 나는 임신을 하고 선택할 일이 많은데 매번 남편이 "아무거나"라고 하는 게 불만이었거든. 병원에서 권하는 검사를 받을지 말지부터 태아 보험은 무얼 들지, 제대혈은 보관할지 말지 등 선택의 순간에 남편이 "아무거나"라고 하면 나한테 책임을 전가하는 기분이었어. 남편은 그런 뜻이 아니었다며 앞으로는 음식 메뉴를 정할 때만 빼고는 가급적 "아무거나"라고 답하지 않겠다고 약속했지. 같이 고민하고 싶을 땐 나도 "어때?"라고 묻지 않고 "같이 고민하자" 하고 직접적으로 말하기로 했어.

남편은 나의 사서 걱정하는 성격을 물려주고 싶지 않다고 했지. 인정! 나도 물려주고 싶지 않아. 내가 생각해도 나는 걱정이 많거든. '프로걱정러'로서 걱정은 또 다른 걱정을 낳을 뿐, 걱정한다고 걱정이 줄어들지 않는다는 것도 알아. 그런데도 걱정을 멈추는 게 쉽지 않았어. 부모가 되려니 이런 내 성격이 나도 걸리던 참이었어. 엄마가 매사에 걱정한다고 생각해봐. 아이도 불안할 거 아니야.

남편은 일단 의미 없는 걱정을 멈추자고 했어. '만약에 아이에게 문제가 있으면 어떡하지?'처럼 만약을 가정한 걱정을 예로 들었지. 맞는 말이었어. 그 뒤로는 만약을 가정하고 걱정이 시작되면 스스로에게 '실제로 일어날 가능성은?'이라고 물어보고 있어. 신기하게도 걱정이 절반 이하로 줄어들었어.

알아두기

Tip. 태아 보험 (어린이 보험)

태아 보험이란?	태아 보험은 태아 때 가입하여 출생 이후 영유아에게 발생하기 쉬운 사고나 질병을 보장하는 보험이다. 공식적인 명칭은 '어린이 보험'이다.
태아 보험을 드는 이유	태아 특약으로 출산 후에 일어날 수 있는 위험한 상황을 미리 대비할 수 있고 상대적으로 저렴한 보험료 대비 보장 범위가 넓은 편이다.
가입 시기	태아 관련 약관을 추가하려면 보통 임신 16~22주 이내에 가입하는 것이 유리하다. 임신성 고혈압, 임신성 당뇨 등의 진단을 받거나 유산방지제를 처방 받은 이력이 있으면 보험 가입이 어려울 수도 있어 가입 시기를 잘 고려해야 한다.
주의할 점	태아 보험의 만기를 짧게 설정하면 향후 재계약 시 비용이 늘거나 재가입 승인이 되지 않을 수 있어서 만기 연수를 고려해야 한다. 또한 설계사에게만 전적으로 맡기지 말고 약관을 꼼꼼히 살펴보며 내게 필요한 특약과 필요하지 않은 특약을 걸러내 조정하는 것이 중요하다.

아기 만나기

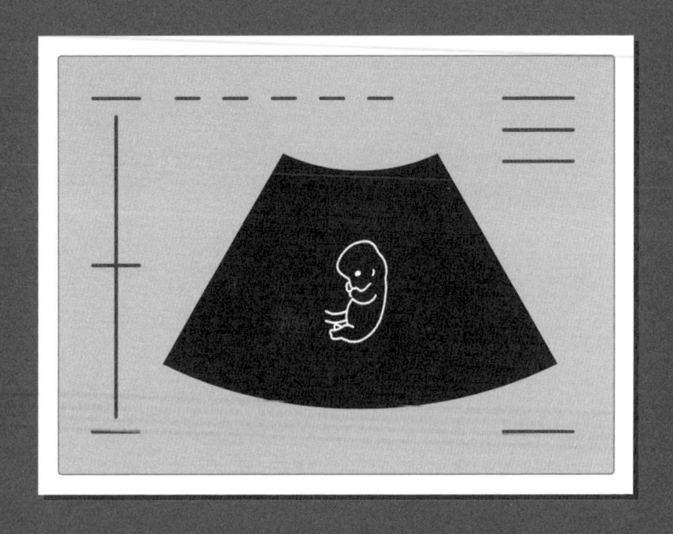

임신 5개월
16 ~ 19주

태아의 변화

16주
눈썹과 속눈썹 그리고 눈과 귀가 제자리를 찾아간다

17주
태아의 크기는 손바닥만하지만
장 기능이 활성화되어 태변이 만들어진다.

18주
몸을 돌리거나 손발로 차기 시작한다.
하품과 딸꾹질을 할 수 있게 된다.

19주
피부를 물에서 보호해주는 태지가 생긴다.

엄마의 변화

자궁 높이가 배꼽까지 올라오고 배가 제법 불러온다. 사람마다 다르지만 빠르면 태동을 느낄 수 있다. 외적으로도 임신한 티가 나고 흥분되기도 하지만 불안한 감정이 생긴다. 혈액량이 증가해 코막힘, 잇몸 출혈, 코피 등이 생길 수 있다.

함께 신경 써야 할 점

배가 나오면 임부용 속옷을 준비한다. 이제부터는 태아를 위해 영양 균형에 신경 써서 음식을 먹는다. 빈혈 예방을 위해 철분제를 섭취한다. 또한, 집중력이 떨어져 물건을 떨어뜨리거나 잘 잃어버릴 수 있으니 옆에서 챙겨주면 좋다.

아가야~

체중, 관리하며 늘리기

임신 4개월까지는 '볼록'하던 배가 5개월이 되자 주변에서도 임신했다는 걸 알아볼 정도로 '불룩'해지기 시작했어. 한 지인이 나를 보더니 "이제 튼살 크림을 바를 때가 됐구나" 하더라. 지인은 임신했을 때 아랫배와 엉덩이에 튼살이 생겼는데 잘 보이지 않는 곳이라 뒤늦게 알아채 지금도 훈장처럼 남아 있다며 나더러는 꼭 남편에게 구석구석 발라달라고 하라는 조언을 해줬어.

나도 사춘기 때 허벅지에 튼살이 생겼는데 방치했더니 흰색 선으로 남아 있거든. 지금도 볼 때마다 처음 튼살이 생겼을 때 튼살 크림이라도 열심히 바를걸, 후회를 하니 이번엔 미리 열심히 관리하기로 했지.

알아보니 임신부 열 명 중 아홉 명에게 튼살이 생긴다고 해. 튼살은 부신피질호르몬이 갑자기 늘거나 체중이 급격히 증가하는 경우, 피부 진피층의 콜라겐 섬유가 파괴되며 생기는 것이 원인으로 꼽혀. 임신하면 부신피질호르몬의 분비와 체중이 증가하니 튼살이 생기기 딱 좋은 조건인 거지. 거기에 피부가 건조하면 튼살이 더 쉽게 생길 수 있어. 한번 생기면 쉽게 없어지지 않으니 생기기 전에 예방하는 것이 최선책이야. 임신 중에는 체중이 늘 수밖에 없지만 급격하게 증가하지 않도록 신경 쓰고, 피부가 건조해지지 않게 튼살 크림을 열심히 발라주면 도움이 돼. 물론 튼살 크림은 지인의 조언대로 남편이 발라주기로 했고.

입덧이 잦아드니 지인이 왜 '이제 튼살 크림을 바를 때'라고 했

알아두기

임신 중기에 챙겨야 할 것

튼살 크림	꾸준히 바르는 것이 중요하다. 그렇기 때문에 비싼 크림보다는 합리적인 가격의 크림을 고르는 것이 좋다. 부담 없는 금액대의 크림으로 충분한 양을 발라주자.
임부복	배가 나오기 때문에 편한 옷이 필요하다. 모유 수유를 할 생각이라면 수유복 중에서 골라보자. 수유복이라는 티가 나지 않으면서도 수유복인 것들이 많다. 미리 수유복을 사두면 출산 후에 또 수유복을 사지 않아도 되니 일석이조!
임부용 속옷	배가 나오면서 속옷도 임부용 속옷이 필요하다.

는지 알겠더라. 그동안 먹지 못했던 그리고 아이가 태어나면 당분간 먹지 못할 음식들을 찾아서 즐겼거든. 입이 즐거운 만큼 체중도 눈에 띄게 늘어나기 시작했어. 사실 임신 초기에 입덧하며 체중이 2킬로그램 정도 빠졌어. '입덧 다이어트'라고들 하더니 그 말을 실감했지. 물론, '먹덧'을 하면서 체중이 증가하는 경우도 있어. 임신 중기에 들어서며 체중이 느는 게 느껴졌지만 임신했으니 자연스러운 거라고만 생각했어. 크게 신경 쓰지 않았지.

그런데 5개월차 검진을 받으러 갔더니 의사 선생님께서 체중을 체크하시며 "이제부터는 체중에 신경 써야 한다"고 하시더라. 나 같은 경우는 임신 전 신체질량지수BMI, body mass index가 정상에 속했으니 임신 20주까지는 주마다 0.32킬로그램, 20주 이후부터는 0.5킬

점검하기

임신 전 BMI 지수 계산하기

$$\text{BMI 지수} = \frac{\text{몸무게(kg)}}{\text{키(m)} \times \text{키(m)}}$$

예를 들어 키가 160cm, 몸무게가 50kg이라면

$$\frac{50}{1.6 \times 1.6} = 19.53 \text{ (BMI 지수)}$$

남편도 같이 계산해봐. 아내가 임신하면 입덧 기간에 같이 체중이 줄었다가 아내가 체중이 증가하면 같이 증가하는 남편도 많아. 같이 체크하면서 관리하면 어떨까?

아내 BMI	남편 BMI

BMI 결과 측정법

18.5 이하	저체중
18.5~23 이하	정상
23~25 이하	과체중
30~35	비만
35 이상	초고도비만

BMI 계산법으로는 겉보기에는 말랐으나 체지방이 많은 마른 비만을 찾아내기 어려우니 간편하게 가늠해볼 수 있는 보조적 수치로 활용하면 좋다. 정확한 비만도를 알기 위해서는 병원에서 관련 검사를 받아보는 게 가장 좋다.

로그램씩 증가하는 게 바람직하다고 하시면서 말이야.

미국의학연구소에 따르면 임신 전 체중이 정상(BMI 18.5~24.9) 범위에 속했던 임신부의 경우, 임신 기간 중 총 11.3~15.9킬로그램의 체중 증가가 적절해. 저체중(BMI 18.5 미만) 범위였다면 이보다 많은 12.7~18.1킬로그램, 과체중(BMI 25~29.9) 범위였다면 6.8~11.3킬로그램, 비만(BMI 30 이상) 범위였다면 5~9.1킬로그램의 체중 증가가 적절하지.

임신 기간만큼은 다이어트에서 해방되나 싶었는데, 체중 관리를 하라니…. 괜히 시무룩해지더라. 그런데 알아보니 의사 선생님 말씀대로 임신 기간 중 '적당한' 체중 증가는 필수 요소였어. 임신 중 체중이 지나치게 증가하면 심장에 부담이 되어 고혈압, 임신중독, 임신성 당뇨로 이어질 수 있거든. 체중이 급격하게 늘면 움직임이 둔해져 피로도 쉽게 쌓이고 말이야. 4킬로그램 이상의 거대아 출산 확률도 높아지고 산후 비만으로 이어질 가능성도 높아

반대로 체중이 너무 적게 증가하는 것도 문제야. 태아가 엄마로부터 충분한 영양을 공급받지 못하면 성인이 되서 당뇨병, 심근경색, 심장병에 걸릴 위험이 커지거든. 게다가 출산 시 진통을 견뎌낼 체력이 되지 않아 산통을 오래 겪을 수도 있어.

알아두기	
임신성 당뇨	
증상	임신성 당뇨의 증상은 피로감, 쇠약감이지만 크게 증상이 없는 경우도 많다. 인신 중이라 증상을 구별해내기 어렵지만, 산전 검사를 통해서 발견할 수 있다.
원인	태아에서 분비되는 호르몬이 인슐린 분비를 방해하고 기능을 떨어뜨려 세포가 포도당을 효과적으로 연소하지 못해서 발생한다.
위험한 이유	임신 중 혈당이 조절되지 않으면 태아에게 좋지 않은 영향을 끼치며 분만 중에 산모와 신생아 모두 합병증이 생길 위험도 커진다.
예방법	급격한 체중 증가를 피하는 것이 가장 좋다.

운동하는 습관은 지금부터

의사 선생님은 무리하지 않는 선에서, 안전한 운동을 권하셨어. 평소에 운동과 거리가 멀었다면 특히 더 신중해야 해. 그리고 임신하기 전에 운동을 규칙적으로 해왔다고 해도 임신 중에 하는 운동은 새로운 접근이 필요해. 임신 중에는 우리 몸의 관절과 인대를 이완시켜주는 릴렉신relaxin 호르몬이 이전보다 10배 이상 분비되거든. 골반 근육과 관절을 부드럽게 해 출산을 준비하는 거지.

실천하기

꾸준한 운동은 요통이나 다리 당김, 부종 등을 예방하고 근력을 강화시켜 순산에 도움이 된다. 하지만 고강도 운동은 피해야 한다.

산책	산책을 하면 몸과 마음이 가벼워지고, 우울감도 한결 나아진다. 처음부터 무리하지 말고 하루 5분이라도 가볍게 걸으며 점차 시간을 늘려보자. 30분 정도 지속적으로 걷는 것이 좋다.
근력운동	근력운동을 꾸준히 하면 요통을 예방하고 분만에 사용되는 근육이 강화돼 진통을 잘 견딜 수 있다.
수영	물속에서는 몸이 가벼워져 허리나 무릎에 무리를 주지 않고 운동할 수 있다. 찬물보다는 미지근한 물이 좋고 수영을 못하는 사람은 물속에서 걷는 것만으로도 효과가 있다.
요가	요가는 근육을 이완시켜 근육 피로도를 낮추고 골반의 근육을 단련시켜 순산을 돕는다. 하지만 난도가 높은 동작은 위험할 수 있어 조심해야 한다.

문제는 릴렉신 호르몬이 골반뿐 아니라 모든 관절을 이완시킨다는 것. 이 상태에서 평소와 같은 강도로 운동하면 부상 위험이 커. 또 임신하면 사우나나 온탕 목욕을 하지 말라고 하잖아. 임신부의 체온이 39도를 넘으면 태아에게 악영향을 끼칠 수 있기 때문이지. 운동도 마찬가지야. 강도 높은 운동을 하면 체온이 상승할 수 있으니 조심해야 해.

나는 일단 가볍게 출근 시간을 활용하기로 했어. 평소보다 20분 먼저 집을 나서 지하철 한 정거장 거리를 걸었지. 그런데 혼자 걷다 보니 남편이랑 같이 걸으면 더 좋겠다 싶은 거야. 퇴근길에 만나서 같이 걷기로 했어. 남편과 나는 출퇴근할 때 지하철을 반대 방향으로 타니까 먼저 퇴근하는 사람이 상대방의 회사 쪽으로 마중을 갔지. 주말에는 부부가 함께하는 요가 수업을 등록해 같이 운동하기도 했어.

주변에 물어보니 수영을 같이했다는 부부도 많았어. 홈 트레이닝을 했다는 지인도 있어. 출산 이후엔 아무래도 얼마간 외부에서 운동하는 게 어렵고 운동을 위해 따로 시간 내기도 쉽지 않겠다는 생각이 들더라는 거야. 집에서, 기구 없이, 틈틈이 할 수 있는 운동이 뭘까 생각해보니 홈 트레이닝이더래. 남편과 같이하기 시작했고, 아이가 세 돌이 지난 지금은 셋이 같이 홈 트레이닝을 하고 있대.

체중 관리를 위해 운동을 시작했는데 하다보니 체중 관리는 기본이고 임신을 하고 힘들었던 점들이 많이 해결됐어. 한 아이의 부모가 된다는 것이 기쁘기도 했지만 가끔 나도 모르게 우울할 때가 있었거든. 나만 그런 게 아니더라. 한 산부인과 전문병원의 연구에 따르면 산후 우울증보다 임신 중 우울증이 더 많았어. 우울증에 가장 좋은 건 운동. 신기하게도 운동을 하면 기분이 나아졌어. 운동할 때 베타엔도르핀Beta-endorphin 호르몬이 분비되기 때문이래. 베타엔도르핀은 통증을 줄여주고 행복감을 증진시킨다고 해서 일명 '행복 호르몬'으로 불려.

그리고 허리 통증. 허리 통증은 임신부 3명 중 2명이 호소할 정도로 흔한 통증이고 임신이 진행될수록 더 심해져. 임신 중 체중이

실천하기

부부가 함께할 수 있는 운동은 뭐가 있을까?
같이할 운동을 정해보자.

- 퇴근길에 만나서 같이 걷기
-
-

1킬로그램 증가하면 척추가 받는 부담은 5킬로그램까지 늘어나거든. 자궁이 커지는 것도 한몫해. 커진 자궁은 골반과 척추에 부담을 줄 수밖에 없으니까. 이때 근력운동으로 근육을 단련하면 허리 통증을 줄일 수 있어.

근력운동은 불면증에도 도움이 돼. 불면증도 임신부 2명 중 1명이 겪는 증상인데 불면증이 있는 임신부는 불면증이 없는 임신부에 비해 조산 위험이 2배 가까이 높다는 연구 결과가 있을 정도로 임신부에게도, 태아에게도 좋지 않아. 그럴 때 운동하면 몸이 적당히 피곤해지고 땀을 흘리며 신진대사가 활발해져 숙면에 도움이 될 수 있어.

엄마가 운동하면 아기에게도 좋아. 미국 미시간대 심리학과 석좌교수인 리처드 니스벳Richard Nisbett은 똑똑한 아이를 낳으려면 임신 기간에 운동을 하라고 조언했어. 태아는 혈액을 통해 산소와 영양분을 공급받는데 임신부가 운동을 해서 혈액순환이 활발해지면 태아에게 보내는 산소와 영양분도 많아지거든. 특히 유산소운동을 하면 체내에 산소량이 많아져 태아의 성장과 뇌 발달에 긍정적인 영향을 준다고 해.

아기와의 첫 소통

임신하고는 산부인과 검진 받는 날이 가장 기다려졌어. 아기가 잘 자라는지 궁금한데 산부인과에 가지 않으면 알 수가 없었으니까. 큰 이상이 느껴지지 않는다면 잘 자라고 있다고 믿긴 했지만 몸이 평소와 조금이라도 다르거나 간밤에 나쁜 꿈을 꾸면 괜스레 불안했거든. 그럴 때면 배를 쓰다듬으며 '아가야, 잘 있지? 잘 있으면 신호 좀 보내줄래?' 혼잣말하곤 했어. 그만큼 태동이 기다려졌지.

초산부의 경우 대개 임신 20주를 전후로 첫 태동을 느껴. 배 속의 아기는 임신 10~12주에 움직이기 시작하지만 엄마가 느낄 정도로 손발을 움직이거나 회전하는 등 태동을 하는 건 임신 20주 정도인 거지.

태동한다는 건 아기가 건강하게 잘 지내고 있다는 증거이니 부모 입장에서는 반가울 수밖에. 나 같은 경우 첫째는 임신 18주에 첫 태동을 느꼈고, 둘째는 16주에 느꼈어.(경산부는 초산부보다 태동을 빨리 느끼고 배도 더 빨리 불러와!) 배 속에서 기포가 포르르 올라오는 느낌이랄까? 강하진 않았고 오히려 간지러웠어. 첫 태동에 대해 어떤 임신부는 배고파서 '꼬르륵' 하는 느낌 같았다고 했고 물방울이 톡 터지는 것 같거나 뭔가 '스르륵' 지나가는 것 같았다는 임신부들도 있어. 백과사전에서는 손에 잡은 작은 새가 날갯짓하는 느낌이라고 표현했더라.

처음 태동을 느꼈을 땐 이게 정말 태동인지 긴가민가했어. 그 정도로 약했거든. "아가야, 방금 네가 움직인 게 맞다면 한 번만 더 움직여주지 않겠니?"라고 혼잣말했다니까. 첫 태동만큼은 남편과 공유하고 싶었는데 너무도 약하고 빠르게 지나가서 그러지 못한 것도 아쉬웠어. 남편이 뒤늦게 배 위에 손을 올리고 기다렸지만 야속하게도 아기는 쉽게 움직여주지 않았지. 그 다음 날도 태동이 느껴지지 않으니 남편은 첫 태동을 못 믿는 눈치였어.

검진 갔을 때 의사 선생님께 물어봤는데 아직은 태동이 인지될 정도로 강하게 자극이 오지 않기 때문에 놓치는 경우가 더 많을 거라고 하셨어. 태동을 잘 느끼고 싶다면 배 아래쪽에 쿠션을 대고 옆으로 누워 있어보라는 꿀팁까지 전해주셨지. 태동을 느끼기 가장 좋은 자세라면서 말이야. 또는 음식을 먹은 직후에도 태동을 잘 느낄 수 있대. 음식물이 소화될 때 위와 장에서 나는 소리에 아기가 반응한다고 하시더라. 그리고 남편도 느낄 정도로 태동이 강해지려면 한 달 정도는 기다려야 한다고도 알려주셨어.

태동이 느껴지기 시작하니 자연스럽게 아기에게 말을 걸게 되더라. 사실 남편도 나도 어색하고 낯설어서 태담을 못했거든. 배 속에 아기가 자라고 있다는 걸 알고는 있지만 막상 태담을 하려면 허공에 대고 말하는 느낌이랄까? "아가야~"라고 시작해도 무슨 말을 해야 할지 모르겠더라. 그런데 태동을 시작하니 "우리 아가 잘 자라고 있구나. 신호 보내줘서 고마워", "우리 아기 자고 있나? 엄마가 기다리는데 오늘은 신호를 보내주지 않네"라고 자연스럽게 말을 걸게 됐어.

내남은 남편이 아이와 가까워지는 가장 좋은 방법이기도 해. 배 속 아기는 양수로 둘러싸여 있잖아. 음파의 특성상 80데시벨 이상, 300헤르츠 이하의 강한 중저음이 아기에게 도달할 수 있어. 엄마 목소리는 고음이라 양수를 잘 통과하지 못하지만 아빠의 중저음 목소리는 상대적으로 잘 통과하지.

그렇다고 임신 초기부터 태담을 해야 한다는 부담을 가질 필요는 없어. 임신 5개월차가 되어야 아기의 청각기관 발달이 완성되거든. 임신 3주차에 귀 모양이 나타나고 12~16주에 달팽이관의 모양이 갖춰지기 시작해 20~24주에 청각 신경망이 완성돼. 태동이 느껴질 때 자연스럽게 태담도 시작하면 좋겠지?

태담이 어색하지 않다면 임신 5개월 전에는 아기를 위한 태담이 아닌 아내를 위한 태담을 하는 것을 추천해. 임신 초기에 스트레스도 많고 불안한 마음도 컸는데 남편이 침대에 같이 누워 조곤조곤 이런저런 이야기를 해주면 마음이 편해졌거든. 그 기억이 지금도 참 따뜻하게 남아 있어.

태담이 좋은 이유 하나 더! 배 속에서는 아기의 뇌 피질에 공급되는 에너지원의 90퍼센트가 청각을 거쳐간다고 해. 소리가 뇌의 청각중추를 직접 자극하는 만큼 뇌 운동과 발달에 가장 효과적이야.

실천하기

일상 속에서 태담하기

처음에는 누구나 태담을 하는 게 쑥스러울 수 있다. 하지만 처음이 어렵지 하다보면 자연스럽게 마음속 이야기를 건네게 된다. 출퇴근할 때 "아빠, 다녀올게", "아가야, 오늘 잘 지냈어?", "아빠 다녀왔어" 등 간단한 인사말부터 건네보자.
그다음 단계는 아이가 옆에 있다고 생각한 후, 이런저런 이야기를 들려주는 것이다. 태명으로 불러주면 더욱 좋다.
만약 시간 내기 어렵다면 목소리를 녹음해서 들려주는 것도 좋은 방법이다.

우리 아이 탄생 신화 만들기

우리 부부는 일상 속 태담을 많이 한 편이야. 우리의 하루를 들려주거나 어떤 생각을 하고 있는지, 아빠는 어떤 사람이고 엄마는 어떤 사람인지, 어렸을 때 아빠 엄마는 어땠는지, 아빠 엄마가 어떻게 만나 결혼까지 하게 됐는지 등 우리의 이야기를 아기에게 자주 들려줬어.

아기에 대한 이야기도 많이 나눴어. 그중 가장 자주 들려준 이야기는 태몽. 태몽은 주변에서 대신 꿔주기도 한다는데 나는 내가 두 번 꿨어. 첫 번째는 뱀 태몽. 아주 반짝반짝한 구렁이가 우리집 천장에서 뚝 떨어진 거야. 놀라고 겁에 질려서 도망가는데 구렁이가 웃으면서 계속 따라와. 도망가다가 뒤돌아보면 무척 여유롭고 능청스럽게 따라오고 있어서 결국에는 도망가는 걸 포기했어. 그랬더니 스르륵 다가와 내 새끼손가락 끝을 살짝 물고 품에 폭 안기더라. 그 뱀을 안고 있다 잠에서 깼어.

두 번째는 강아지 태몽. 산책하는데 아주 작고 흰 강아지가 졸졸 따라오는 거야. 주인한테 가라고 해도 계속 따라와. 그러다 우리집까지 따라와서는 침실로 들어오더니 마치 원래 자기 침대였다는 듯 우리 침대에서 편히 잠들더라. 근데 나도 우리가 원래 키우던 강아지를 찾은 것처럼 기분이 좋은 거야. 그 강아지를 사이에 두고 잠을 자는 꿈을 꾸다가 깼어.

둘 다 태몽 같은데, 어느 걸 태몽으로 할까를 두고 남편과 자주 이야기했거든. 뱀 꿈을 먼저 꿨으니 뱀으로 할까, 근데 강아지 꿈을 꾸고는 강아지와 같이 잠든 포근한 기분이 잊히지 않아서 그걸 태몽으로 삼고 싶기도 하고. 그러다 '태몽이 뭐가 중요하냐. 재미로 하는 얘기일 뿐이지' 싶기도 했어.

그런데 이수련 정신분석학 박사는 저서 《잃어버리지 못하는 아이들》에서 아이에게는 "자신의 탄생에 대한 설명"이 필요하다고 하더라. 탄생에 관한 이야기나 신화를 만들어주라는 거야. 아이들이 자라서 '나'라는 개념이 생기기 시작하면 "나는 어떻게 태어났어요?"를 묻곤 하는데 이 질문은 내가 어떻게 태어났는지에 대한 존재론적인 질문이라는 거야.

아이에게 탄생은 죽음과 마찬가지로 도무지 이해할 수 없는 영역 중 하나라는 거지. "엄마 아빠가 간절히 너를 원해서 네가 우리에게 왔고, 네가 오는 과정에서 어떤 일이 있었는지, 그래서 엄마 아빠가 얼마나 기뻤는지"를 이야기해주는 게 아이에게 중요하다는 거였어.

그래서 태몽으로 아이의 '탄생 신화'를 만들어보기로 했어. 사실 내 꿈에 나온 강아지는 작고 귀여웠지만, 아이에게 들려줄 태몽 속 강아지는 씩씩하고 용감한 모습으로 묘사했고, 강아지가 우리를 졸졸 따라왔다는 건 우리가 씩씩하고 용감한 강아지의 듬직함에 반해 졸졸 따라간 걸로 바꿨지. 앞서가던 강아지가 우리를 돌아보고는 서로 반해 딱 만나게 되는 것으로 말이야.

남편과 함께 태몽으로 태담을 나누며 즐겁게 이야기했고, 실제로 아이가 자란 요즘 그 태몽을 들려주면 무척 흐뭇해해. "아, 내가 그 강아지였던 거지? 엄마 아빠는 내가 그렇게 좋았어?" 하면서 말이야.

동시에 우리는 아이에게 어떤 부모가 되어야 할까에 대해서도 많은 이야기를 나눴어. 부모만 믿고 세상에 태어나는 아이를 우리는 어떻게 키워야 하고, 어른으로서 어떤 모습을 보여줘야 할까 고민했지. 미국의 가정직장연구소FWI, families and work institute 대표인 엘렌 갈린스키Ellen Galinsky는 아이들이 태어나 어른이 될 때까지 특정 발달단계를 거치는 것처럼 부모 또한 임신해서 아이를 독립시킬 때까지 '부모 발달단계'를 거친다고 주장했어.

부모들은 부모상 정립단계, 양육단계, 권위단계, 해석단계, 상호의존단계, 새로운 출발 단계 등 총 6단계의 발달단계를 거치며 성장하고 변한다는 거야. 첫 단계인 '부모상 정립단계'가 아이를 임신해서 출산하기 전까지지.

이 시기 부모들은 부모로서의 이미지를 형성하고 수정하는 과정을 거쳐. 배에 손을 올리고 태동을 느끼며 나는 "이 아이에게 우리는 어떤 부모가 되어야 할까?"라는 질문은 당시에도 묵직했고, 부모가 된 지금도 아이에게 필요 이상의 욕심이 생길 때면 그때 나눈 이야기를 떠올리며 초심으로 돌아가곤 해.

엄마가 된다는 것

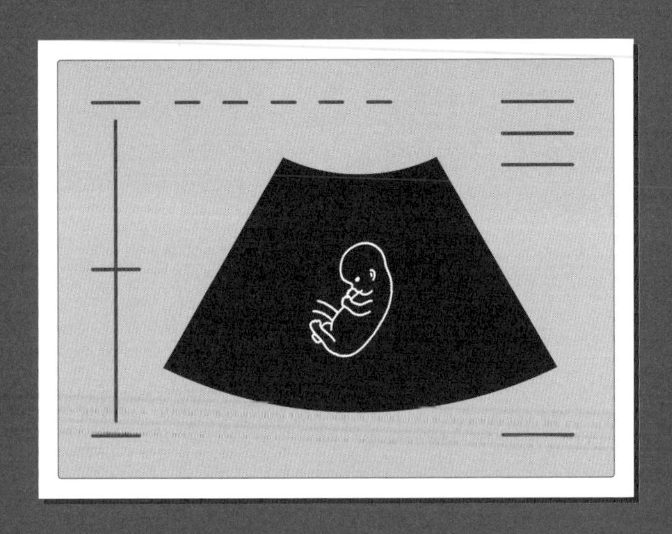

임신 6개월
20 ~ 23주

태아의 변화

20주
태아의 미각, 청각, 후각, 시각
촉각 등 오감이 발달한다.

21주
신경세포들이 뇌와 근육 사이를 연결하고
몸의 연골이 뼈로 발달한다.

22주
눈썹과 눈꺼풀이 완전히 자라고
관절도 상당히 발달한다.

23주
아직 피부에 주름이 많지만
점점 아이의 모습처럼 변해간다.

엄마의 변화

식욕이 왕성해지고 다리에 쥐가 자주 난다. 발목과 다리가 자주 붓고 이따금 손과 얼굴이 붓기도 한다. 유두에서 노란 액체나 물방울 같은 초유가 나올 수도 있다.

함께 신경 써야 할 점

임신 초기에는 입덧 탓에, 말기에는 몸이 무거워 여행을 가기 힘드니 지금이 태교 여행의 적기이다. 임신했다는 사실이 점점 더 실감나고 감정 기복 증상은 많이 완화된다. 하지만 멍한 상태와 건망증은 이어지니 주변에서 챙겨주는 게 좋다.

부모 된 내가 낯설게 느껴지기 전에

임신 중기에 접어들어 그런가. 아이도 안정적으로 잘 자라고 있고 나도 임신에 적응되면서 생각이 많아졌어. 어느 날 먼저 부모가 된 선배를 만났는데 갑자기 궁금해지더라. “선배는 다시 임신 기간으로 돌아간다면 가장 하고 싶은 일이 뭐예요?” 물었지. 선배는 한 치의 망설임도 없이 “더 신나게 놀 거야!”라고 했어. “지금은 못 놀아요?” 웃으며 되물으니 “아이를 돌봐야 하니 절대적인 시간이 부족하기도 하고, 시간이 나면 ‘아이와 무얼 할까?’, ‘어떻게 하면 아이가 즐거워할까?’ 고민하니 내 즐거움을 챙길 여유가 없거든”이라고 하더라. 순간 뭉클하면서 아이가 태어나기 전에 나도 열심히 즐겨놔야겠다고 생각했지.

그러곤 잊고 있었던 것 같아. 첫째가 백일을 지났을 즈음에 그 선배와의 대화가 퍼뜩 떠올랐으니까. 스스로에게 ‘만약 다시 임신 기간으로 돌아간다면?’이라는 질문을 해봤지. 선배와 크게 다르지 않은 답이 떠오르더라. ‘부모가 되어서도 나를 잃지 않을 방법을 고민해 볼걸’ 하는 생각이 먼저 들었거든. (내가 아이들의 주양육자이기 때문에 이런 생각이 들었던 것 같아. 남편이 주양육자라면 남편이 비슷한 감정을 느꼈을 거야. 주양육자의 고민이라고 생각하면 될 것 같아.)

무슨 말인지 아리송하지? 그렇다면 부모님을 떠올려봐. 엄마가 사람들에게 ‘○○ 엄마’로 불려 아니면 이름으로 불려? 아마 대부분 전자일 거야. 우리 엄마도 그랬고, 내 아이가 태어나자마자 나도 그랬어. (길지 않은 인생이지만) 태어나 줄곧 하루에도 수십 번 불리던 내 이름은 사라지고 '웅이 엄마'로만 불리더라. 심지어 시어머니는 나를 부를 때 "웅아~" 하고 아이 이름으로 부르셨어.

처음에는 싫지 않았지. 오히려 으쓱했어. 아이가 나 같고, 내가 아이 같았으니까. 그런데 어느 날 거울 앞에 서니 기분이 묘한 거야. 부스스한 얼굴에 머리는 질끈 동여매고 후줄근한 면 티셔츠를 입고 있는 내가 익숙하면서도 낯설었거든. 아이를 낳고는 늘 이 모습이었으니 익숙했고, 매일 아침이면 색조화장까지는 못해도 기초화장은 꼼꼼히 하고 머리도 단정히 드라이하고 깔끔하게 손질된 옷을 고르던 '예전의 내 모습'에 비하면 낯설었지.

솔직히 말하면 점점 거울 속 모습이 더 '나'로 고정될 것 같은 느낌도 겁이 나더라. 나는 사라지고 '웅이 엄마'만 남은 것 같았거든. 부모가 되면 많은 부분이 변하리라는 건 예상했지만 이런 변화까지 짐작한 건 아니었어. '다들 이렇게 사는 건가?' 싶으면서도 그대로 받아들이고 싶지는 않았지. 아이를 낳은 뒤 친정엄마는 "네 아이가 자라 부모가 되었을 때 너처럼 산다고 생각해봐. 어떻게 살아야 할지 보일 거야"라고 하셨거든. 아이가 부모가 되었을 때 거울에 비친 자신을 보며 "부모가 되니 내 모습이 낯설어지네"가 아닌 "부모가 되니 더 근사해졌네"라고 느끼면 좋겠더라.

그동안은 어떻게 하면 아이를 더 잘 돌볼까에 집중했어. 그럴 수밖에 없었지. 임신도 처음, 출산도 처음, 육아도 처음이니 적응하고 배울 것투성이였거든. 게다가 책임감은 또 어찌나 막중한지 몰라. 경험은 없는데 책임감은 크니 하루하루 아이와 같이 살아남는 게 미션처럼 느껴졌지. 거기에 잘 해내고 싶은 마음마저 겹치니….

점검하기

아이가 나를 어떤 엄마(아빠)로 생각하면 좋겠어?
서로 이야기하고 공유해봐.

아내	남편
• 따뜻한 엄마	• 친구 같은 아빠
•	•
•	•

그런데 어느 날 아이의 까만 눈동자를 보고 있으니 내가 놓치고 있는 게 보이더라. '눈부처'라고 하잖아. 아이 눈동자에 내 모습이 비치고 있었어. 그 모습은 다름 아닌 아이가 바라보고 있는 내 모습이었지. 그 순간 나는 아이를 돌보는 부모인 동시에 아이가 바라보는 한 사람이라는 생각이 들더라. 시야가 확 넓어졌어. 아이를 돌보는 부모의 역할을 넘어, 아이에게 어떤 모습으로 기억될지 부모의 존재를 생각하는 계기가 됐어.

나를 지키며 부모가 되는 법

친정 부모님을 떠올렸어. 훌륭한 분들이셔. 성실하고 부지런하시지. 내가 태어나 지금까지 두 분이 늦잠 주무신 날을 한 손에 꼽을 정도이니 말 다 했지. 특히 부모로서는 더 그러셨어. 엄마는 우렁각시 같았어. 우리에게 필요한 것, 불편한 것을 말하지 않아도 알고 준비해두시고 해결해주셨거든. 내 얼굴만 보고도 원하는 걸 알아챌 때는 '내 마음속에 들어왔다 나갔나' 싶었다니까. 아빠는 바깥일로 바쁘셨어. 우리 윗세대가 대부분 그랬듯 넉넉하지 않은 환경에서 자라셨고, 그래서 당신 자식들만큼은 먹고 싶은 거 먹고, 하고 싶은 거 하게 해주는 게 꿈이라고 하셨어. 밤낮 휴일 가리지 않고 열심히 일하셨지. 그런 두 분 밑에서 자란 나는 늘 감사했고 지금도 감사해.

내가 대학생 때 온 가족이 둘러앉아 맥주를 마신 날이었어. 우리 삼 남매가 모두 성인이 되어 각자 일상이 바빠지고 나서는 주말에 가끔 맥주 타임을 가졌거든. 어느 날 맥주를 마시고 있는데 아빠가 그러시더라. "너희들은 부모 노릇 너무 열심히 하면서 살지 말아라." 엄마 아빠가 어떻게 살아오셨는지 누구보다 잘 알고 있으니 왜 그런 말씀을 하시는지 짐작됐어. "엄마 아빠가 우리를 위해서 얼마나 희생하셨는지 알고 있어요. 그래서 죄송하고 감사해요"라고 했지. 진심이었어. 그 말에 엄마가 이렇게 말씀하셨어. "오해는 하지 마라. 부모 노릇에만 심취하지 말라는 뜻이야. 부모가 된 너를 지켜가며 부모 노릇을 해. 돌아보니 그게 건강한 부모 같아." 고개를 끄덕였지만 무슨 말인지 와닿지 않았어. 엄마는 "나중에 너희가 부모 되면 다시 이야기하자"고 하셨어.

거울 속의 내가 익숙하면서도 낯설게 느껴졌던 날, 부모 노릇을 너무 열심히 하지 말라던 부모님의 말씀이 생각났어. 엄마한테 전화를 걸어 물었어. "엄마, 나는 웅이를 돌보는 것만으로도 정신

실천하기

부모님의 조언

양가 부모님에게 우리를 키우면서
가장 좋았던 부분과 가장 힘들었던 부분을 물어보자.

질문	아내 부모님	남편 부모님
가장 좋았던 부분은?		
가장 힘들었던 부분은?		

이 없는데 어떻게 나를 지켜?" 엄마는 "정신이 없으니까 너를 지켜야지"라고 답하며 "당장 네가 아프면 어떻게 할래?"라고 물으셨지. "아프면 안 되지!"라고는 했지만 이미 체력의 한계를 느끼고 있었어. 엄마는 "아프면 안 된다는 걸 알면 아프지 않게 네 컨디션을 관리해야지. 아이 돌보는 게 중요한 만큼 아이를 돌보는 사람도 중요하다는 걸 잊지 마. 특히 마음 건강을 챙겨"라고 하셨어.

일단 '내 시간'을 가지라고 하시더라. "웅이 조금 더 크면…" 하고 말꼬리를 흐렸더니 "조금 더 크면이 언제인데?"라고 되물으셨지.

"아이를 키우면서 '조금 더 크면'이라는 말만큼 무서운 것도 없어. 지금은 웅이가 갓난쟁이라 그런 생각이 드는 것 같지? 엄마 눈에는 너도 물가에 내놓은 아이 같아. 필요하다면 미루지 말고 지금 할 수 있는 방법을 찾아."

엄마 말씀이 맞더라. 내 시간을 '만들기'로 했어. 현실적으로 가능한 후보는 일단 남편의 출근 전과 퇴근 후. 밤새 수시로 깨는 아이 덕분에(?) 남편도 나도 수면시간이 부족하니 출근 전보다는 퇴근 후가 낫겠더라. 퇴근하고 같이 저녁을 먹은 뒤 남편이 아이를 목욕시키는 30분 동안 나 혼자만의 시간을 가지기로 했어.

날씨가 좋을 때는 가볍게 동네 산책을 하기도 하고 집 근처 커피숍에서 커피를 마시기도 했지. 에너지가 충전되는 게 느껴졌어. 꼭 집 밖으로 나갈 필요도 없었어. 혼자 방에 들어가 문을 닫고 있는 것만으로도 좋았거든. 아이 생각을 멈추고 '나'로만 존재할 수 있는 시간이면 충분했어. 주말에는 두세 시간 남편이 아이를 전담하고 '내 시간'을 가졌지. 반대로 내가 아이를 전담하고 남편이 자기 시간을 갖기도 했어. 회사와 아이 사이에서 '내 시간'이 부족한 건 남편도 마찬가지였으니까.

우리 부부는 아이를 낳은 뒤에야 내 시간의 중요성을 깨닫고 이렇게 바꿔나갔지만, 임신 중에 미리 방법을 고민했으면 어땠을까 싶어. 우리 부부만 해도 나 아니면 남편, 우리 둘이 배턴터치를 하며 내 시간을 확보했지만 사실 아랫돌 빼 윗돌 괴는 것과 크게 다르지

실천하기

나만의 시간 정하기

아이가 태어나면 나만의 시간을 가지기가 어려워.
짧게라도 하루 중 언제, 얼마만큼 내 시간이 필요할지
고민하고 그 시간만큼은 서로 지켜주기로 약속해보자.

질문	아내	남편
하루 중 언제?		
몇 분 정도?		
무얼 할 거야?		

않았거든. 조금 더 고민한 뒤에는 친정 부모님, 시부모님께 도움을 받거나 아이돌봄 서비스를 신청해 이용하기도 했어. 내 시간을 챙긴 만큼 부모 노릇을 더 잘하게 되더라.

어떤 영향을 줄 것인가

내 시간을 가지는 동안 에너지가 충전됐고, 그 에너지를 아이와 나눴어. 결국 부모에게 에너지가 있어야 아이에게도 나눠줄 수 있는 거더라. 아이에게 더 많은 에너지를 주고 싶다면 내 에너지를 확보하는 게 우선인 거지. 동시에 어떤 에너지를 주고 있느냐도 살펴봐. 아이는 어른과 달라서 부모가 주는 에너지가 긍정적인지 부정적인지, 득이 되는지 해가 되는지 판단하지 않고 그대로 흡수하거든. 어른인 내가 에너지를 줄 때 걸러서 줘야 하는 거지.

'아이 앞에서는 조심하자' 다짐했어. 부족하더라. '아이 앞에서는'이라는 단서는 통하지 않아. 아이와 늘 함께니까. 그렇다면 늘 조심하면 될까? 그건 불가능해. 부모는 신이 아니라 사람인걸. 결국 답은 하나야. 아이에게 주고 싶은 에너지로 나를 채우는 것. 나에게 이미 가득한 에너지라면 그대로 나눠주면 되고, 나에게 없는 에너지라면 내가 먼저 그 에너지를 채우는 거지.

아이가 세상을 낙관적으로 바라보길 바라. 똑같은 실패를 겪어도 누군가는 실망하고 주저앉지만 누군가는 배울 점을 찾고 개선안을 만들어내잖아. 아이 앞에 꽃길만 펼쳐지길 바라지만, 부모의 바람일 뿐 현실은 꽃길과 가시밭길의 반복이니까. 꽃길과 가시밭길 위에서 묵묵하게 나아가려면 후자의 태도가 아이에게 도움이 될 거야. 실제로 그런 친구가 있는데 참 단단하고 건강해보였거든. 나 같으면 포기했을 상황에서도 친구는 잠깐 우울해하다가 '이것도 경험이지' 툭 털고 일어나. 그 모습을 보면서 '친구의 부모님은 친구를 어떻게 키우셨을까?' 궁금했어. 기회가 닿아 만나 뵈었는데 그냥 친구랑 똑같은 분들이시더라. 특별한 비법이나 양육법이 있어서가 아니라 친구는 그런 부모님을 보고 자라며 세상을 해석하는 법을 배운 거였어. 친구의 부모님과 친구를 보면서 '부모는 자신이 가진 것만 아이에게 줄 수 있다'는 말에 새삼 공감했어.

그 뒤로는 아이가 어떤 모습으로 자라면 좋을지 생각하고 그 모습과 나를 비교하곤 해. 내가 그 모습이라면 아이는 나를 보고 배울 테니 걱정이 없고, 내가 그 모습과 다르다면 나부터 바꿔보려고 해. 예를 들면 책. 책을 즐기는 아이로 키우고 싶거든. 그래서 임신하고 남편과 서점에 가 그림책을 보면서 한 권 두 권 사곤 했어. 서재 한쪽을 비우고 아이 책으로 채워갔지.

그런데 정작 나와 남편은 책을 얼마나 읽나 헤아려봤더니 일 년에 열 권이 넘지 않는 거야. TV부터 치웠어. 책 읽을 시간이 없다는 핑계로 책과 멀어지고 있었는데 그 와중에 TV는 보고 있었거든. TV를 없앤 자리에 책장을 두고 아이 책, 우리 책을 같이 꽂아뒀지. 눈앞에 책이 수시로 보이니 하루 한두 장이라도 읽게 되더라. 거실 환경을 바꾼 뒤로는 남편도 나도 일주일에 한 권은 책을 읽고 있어. 올해 9살, 7살인 두 아이도 책과 친구처럼 지내고 있고.

부모가 되고, 내가 아이에게 끼치는 영향력이 느껴지니 솔직히 두려워. 부족하고, 나 스스로도 마음에 들지 않는 모습이 많은데 그런 나를 아이가 보고 배우니까. 괜히 움츠러들더라고. 그런데 곰곰이 생각해보니 아이에게 알려주고 싶은 삶의 태도가 노력하는 자세니까, 조금씩 나아지려고 노력하는 내 모습을 보여주면 되겠다 싶더라. 완벽한 사람이 어디 있고 완벽한 부모가 어디 있겠어. 누구나 부족하다는 걸 알고, 부족함을 부끄러워하지 않는다면 성장의 동력으로 삼을 수 있는 거니까. 아이에게도 이제는 이렇게 말해.

"엄마는 이 부분을 더 잘하고 싶어. 그래서 노력하는 중이야."

나와 부모 사이 균형 잡기

나는 없어지고 '웅이 엄마'만 남은 듯한 느낌은 '나'와 '부모' 사이의 균형을 잃었기 때문에 생긴 것이었어. 내 시간을 확보해 나를 챙기고 나에게 집중하니 조금씩 균형이 회복됐지. 재밌는 건 엄마가 되기 전에는 의식하지 않아도 나를 챙겨왔다는 거야. 엄마가 된 순간 나보다 아이가 우선시됐지. 아니, 정확히 말하면 열 달을 품어 낳은 아이를 타인이 아니라 또 다른 나로 여겼던 것 같아. 아이가 자랄수록 내 배가 불러오고, 내가 먹는 걸 아이도 먹고, 내가 느끼는 감정을 아이도 고스란히 느끼니 그럴 수밖에. 아이가 태어나는 순간 탯줄은 끊어지지만 심리적 탯줄까지 끊어지는 건 아니거든. 아이를 챙기고 돌보는 일은 나를 챙기고 돌보는 것과 다르지 않게 느껴졌어.

독일의 정신분석학자 에른스트 하르트만Ernest Hartmann은 이런 현상을 두고 '약한 경계'가 나타났다고 해. 개인과 개인 사이에는 나와 남을 구분하는 '자아 경계'가 있는데, 이 자아 경계는 상대에 따라서 약해지기도 하고 강해지기도 한다는 거야. 개인과 개인 사이의 경계가 약한, 즉 '약한 경계'가 나타나면 남과의 경계에 빨리 그리고 깊숙이 들어가고 자의식이 사라지게 되지.

미국의 심리치료사인 비벌리 엔젤Beverly Engel은 특히 사랑에 빠진 여성에게 '약한 경계'가 나타난다고 했어. 그래서 자기를 잃어 가는 '자기 상실 증상Disappearing Woman syndrome'에 시달리는 경우가 많대. 엔젤은 이 현상을 연애에 빗대어 설명했지만 부모가 되어 보니 자식을 향한 사랑은 연애보다 더하면 더했지 덜하진 않은 것 같아. 그러니 엔젤이 연애하며 '자기 상실 증상'에 빠진 여성들에게 "남자를 위해 자기를 포기하면 그를 사랑할 '나'를 잃어버린다. 그를 사랑하기 전에 나를 사랑하는 힘을 키워라"라고 조언한 것처럼 엄마인 우리는 아이를 위해 나를 포기하면 아이를 사랑할 나를 잃어버리는 것임을 기억하고 아이를 사랑하기 전에 나를 사랑하는 힘을 키워야 하는 거지. 부모·자식 사이에도 '약한 경계'가 아닌 '건강한 경계'를 유지하기 위한 노력이 필요한 거야.

건강한 경계를 유지한다는 건 결국 나와 아이 사이의 균형을 잡는다는 것 아닐까? 그런데 이 균형이라는 게 주양육자와 부양육자에게는 조금 다른 의미이더라.

앞서 말한 것처럼 엄마이자 주양육자인 나는 아이와 너무 밀착한 것이 문제였어. 반면 아빠이자 부양육자인 남편은 오히려 아이와 멀어져 있는 건 아닌지를 신경 쓰고 있었어.

임신한 순간 나는 몸의 변화가 시작되니 엄마가 된다는 실감이 났지만 남편은 달랐거든. 배가 불러오는 걸 보면서, 태동을 느끼면서도 '정말 아빠가 되나? 내가 아빠인가?' 할 때가 있다고 하더라. 남편이 나중에 해준 이야기인데 아이가 태어났을 때도 아빠가 됐다

점검하기

에너지 분배하기

나의 에너지를 100이라고 가정하고, 에너지를 어떻게 나누면 좋을지 색칠해보자.
그동안 에너지를 어떻게 배분했는지 체크한 후
아기를 낳은 후에는 어떻게 배분할지 각자 고민해보자.
(동그라미 하나를 에너지 10이라 간주하고, 최대 10개까지 색칠할 것.)

아내 점검표

	나	일	친구	가족	취미
아기를 낳기 전	○ ○ ○ ○ ○ ○ ○ ○ ○ ○	○ ○ ○ ○ ○ ○ ○ ○ ○ ○	○ ○ ○ ○ ○ ○ ○ ○ ○ ○	○ ○ ○ ○ ○ ○ ○ ○ ○ ○	○ ○ ○ ○ ○ ○ ○ ○ ○ ○
아기를 낳은 후	○ ○ ○ ○ ○ ○ ○ ○ ○ ○	○ ○ ○ ○ ○ ○ ○ ○ ○ ○	○ ○ ○ ○ ○ ○ ○ ○ ○ ○	○ ○ ○ ○ ○ ○ ○ ○ ○ ○	○ ○ ○ ○ ○ ○ ○ ○ ○ ○

남편 점검표

	나	일	친구	가족	취미
아기를 낳기 전	○ ○ ○ ○ ○ ○ ○ ○ ○ ○	○ ○ ○ ○ ○ ○ ○ ○ ○ ○	○ ○ ○ ○ ○ ○ ○ ○ ○ ○	○ ○ ○ ○ ○ ○ ○ ○ ○ ○	○ ○ ○ ○ ○ ○ ○ ○ ○ ○
아기를 낳은 후	○ ○ ○ ○ ○ ○ ○ ○ ○ ○	○ ○ ○ ○ ○ ○ ○ ○ ○ ○	○ ○ ○ ○ ○ ○ ○ ○ ○ ○	○ ○ ○ ○ ○ ○ ○ ○ ○ ○	○ ○ ○ ○ ○ ○ ○ ○ ○ ○

는 사실이 확 와닿지 않았대. 언제 아빠가 된 걸 실감했느냐고 물었더니 아이가 처음 '아빠'라고 한 순간이었다고 하더라. 그전까지는 나를 통해 아이와 연결되는 느낌이었다는 거지. 남편의 말이 충격적이었어. 그런데 주변에 물어보니 많은 남편이 비슷하더라.

올해 아빠가 된 지인은 그래서 습관적으로 '부모 스위치'를 켜려고 한다고 했어. 임신 중에는 아내와 이야기를 나눌 때 '부모 스위치'가 켜졌대. 출산 후에는 아이를 돌보느라 이야기를 나눌 시간이 부족하지. 그래서 아기의 일과를 기록하는 애플리케이션을 아내와 같이 쓰고 있다고 하더라.

언제 젖을 먹었는지, 언제 기저귀를 갈았는지, 언제 낮잠을 잤는지 등을 아내가 기록하고, 남편은 오후 일과를 시작하기 전에 기록을 한 번 보고, 퇴근할 때 한 번 더 보면서 숙지하는 거지. 기록과 아기 사진을 보면 부모 스위치가 켜진대. 집에 도착하자마자 손 씻고 아내와 같이 육아를 할 수 있어서 좋기도 하고 말이야.

그렇게 주양육자는 부모 스위치를 끄고 내 스위치를 켜는 습관을, 부양육자는 내 스위치를 끄고 부모 스위치를 켜는 습관을 들이다보면 나와 부모 사이의 균형이 맞춰지는 것 같아.

알아두기	
'부모 스위치' 빨리 켜는 법 (부양육자)	• 퇴근할 때 아이의 일과 확인하기 • 아이 사진 보며 퇴근하기 • 점심시간에 주양육자와 영상통화하기 • 집에 가면서 아이와 뭐하고 놀지 생각하기
'부모 스위치' 빨리 끄는 법 (주양육자)	• 혼자 산책하러 나가기 • 나만의 공간에서 음악 듣기 • 근처 커피숍에서 커피 한잔하고 오기 • 운동하기

임신
7개월

나만의
속도 찾기

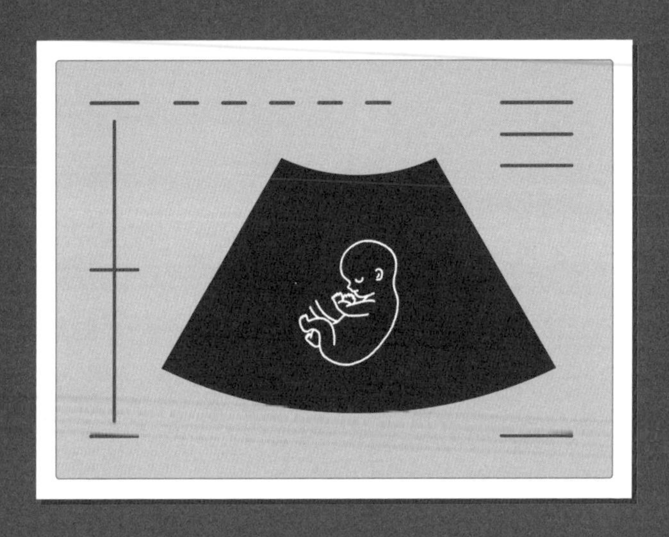

임신 7개월
24~27주

태아의 변화

24주
머리카락까지 거의 완성된다.
하지만 아직 색소가 없어서 백발 상태이다.

25주
주먹을 쥘 수 있다. 막혀 있던 콧구멍이 열려
숨쉬기 연습을 할 수 있다.

26주
두뇌가 자라고 양수 속에서 눈을 뜨기도 한다.
시각과 청각이 발달해 밝은 빛을 보거나
시끄러운 소리에 반응한다.

27주
귀에 태지가 덮여 있지만 말을 조금 알아들을 수
있다. 그리고 미각이 발달해 엄마가 먹은
음식에 따라 양수로 맛을 보고 반응하기도 한다.

엄마의 변화

배가 많이 불러 허리가 아프기 시작한다. 냉이 많아지고 신물이 잘 넘어온다. 튼살이 생기고 밤에 발과 발목이 자주 붓는다. 다리에 하지정맥류가 나타나거나 치질이 생기기도 한다.

함께 신경 써야 할 점

신생아 용품도 쇼핑하고 아기 방도 꾸미면서 서서히 출산 준비를 시작하면 좋다. 감정 기복은 거의 사라지지만 멍한 상태는 계속된다. 미래에 대한 고민이 많아지는 시기이니 대화를 통해 긍정적인 미래에 대해 이야기를 나누는 게 좋다.

태교여행
가시나봐요!

뒤처진다고 느낄 때가 내 속도를 찾을 시간

임신 7개월의 어느 날이었어. 작은 수박만큼 나온 배를 두 팔로 감싸고 출근길 만원 지하철에 탔고, 겨우겨우 중심을 잡으며 목적지에 도착했지. 지하철 문이 열리자마자 사람들이 우르르 빠져나갔어. 임신 전이 생각나더라.

난 성격이 급해서 지하철 문 바로 앞에 서 있다가 문이 열림과 동시에 뛰어나가는 사람 중 하나였거든. 임신하고부터는 먼저 나가려다 넘어지면 위험하니 손잡이를 꼭 잡고 있다가 거의 마지막에 내렸지. 나를 제치고 앞서가는 사람들을 보고 있으니 긴 숨이 나왔어. 임신하고는 막연하게 세상의 속도와 멀어지는 느낌이 들었는데 그날따라 현실로 다가왔지.

우리나라 여성들은 20대에 '커리어 하이career high'를 경험한다는 말이 생각났어. '커리어 하이'는 스포츠용어인데 개인통산 최고 성적, 즉 어떤 선수가 활동한 기간 중 가장 좋은 기록을 낸 해를 말해. 직장인에게 커리어 하이는 업무 성취도가 가장 높은, 가장 인정받은 해일 거야. 임신하고는 '아이를 낳기도 전에 뒤처지는 것 같은데 아이를 낳으면 정말 뒤처지겠지' 하고 겁이 나더라. 이제 커리어에서는 내리막만 남은 기분이랄까. 착잡한 마음으로 회사에 도착해 먼저 아이를 낳은 선배에게 메신저를 하니 같이 점심을 먹자고 하셨어. 간단하게 점심 먹고 산책을 하니 기분이 괜찮아지더라. 점심시간이 끝날 무렵 선배가 물었어. "산책하면서도 뒤처지는 느낌이 었어?" 뜬금없이 무슨 소린가 싶었지. 선배는 "지하철에서 앞서가는 사람들과 비교하면 느린 걸 수도 있지만, 나만 바라보면 느릴까? 내 상황에 맞게 내가 원하는 속도로 걸었지. 그동안 우리는 세상의 속도만 바라보며 살아왔잖아. 임신했을 때 나도 비슷한 감정을 느꼈고, 비슷한 이유로 우울했는데 이참에 나에게 집중하며 내 속도를 찾아보자고 생각한 뒤로 많은 것이 바뀌었어"라고 하는 거야

생각이 깊어졌어. 뒤처진다는 느낌을 가만히 들여다보니 남들과 비교할 때 생기는 감정이었어. 지하철에서 걸음을 늦춘 건 임신해 몸이 무거워지고 균형을 잃기 쉬운 내 상황을 고려해 스스로 속도를 조절한 거였지. 나만 바라봤을 땐 속도를 조절한 거였는데 남들과 비교할 땐 느리게 느껴져 조바심으로 이어졌던 거야.

그동안 세상의 속도만 바라보며 살아왔다는 선배의 말에도 고개가 끄덕여졌어. 학창 시절부터 지금까지 좋은 성적을 위해, 좋은 대학을 위해, 좋은 직장을 바라보며 노력한 걸 부정할 수 없어. 직장에 다니면서도 좋은 평가를 받기 위해 노력했지. 문제는 '좋은'의 기준이 '내가 원하는'이 아니라 '다른 사람들이 좋다고 말하는'에 가까웠다는 거야. 세상이 좋다고 말하는 대학과 직장에 들어가려면 남과 경쟁해 조금이라도 나은 위치를 차지해야 하니 세상의 속도에 따를 수밖에. 바쁘게 지내왔지.

선배의 말을 곱씹으며 임신하고 남편과 '맛집 버킷리스트'를 작성해 음식점을 찾아다닐 때가 생각났어. 산책 겸 운동하며 당분간 오지 못할 테니 천천히 즐기자고 했거든.

물론 몸이 무거워지며 걷는 속도가 느려지기도 했지만 의식적으로 발걸음을 늦추기도 했어. 그랬더니 길가에 피어 있는 꽃, 보도

생각하기

1분 명상법

생각이 많아지거나 마음이 조급할 땐
눈을 감고 명상을 해보자. 마음이 가라앉고 차분해진다.

1. 조용한 곳에서 허리를 펴고 앉는다.
2. 스마트폰으로 1분 알람 설정을 한다.
3. 눈을 감고 천천히 호흡한다.

블록에 그려진 그림이 눈에 들어오더라. 하나하나 발견할 때마다 "우리 여기 자주 왔는데 왜 이제야 보이는 거지?" 하고 놀라곤 했지. 이유는 하나였어. 그동안은 음식점을 정하면, 그 음식점에 빨리 가는 게 목표였으니까. 주변을 돌아볼 여유 없이 앞만 보며 갔던 거지. 지나온 시간을 돌아보니 내 삶 역시 앞만 보며 달려왔다는 생각이 들었어. 남보다 더 빨리 목적지에 도착하기 위해 스스로 채찍질하며 여유 없이 달려왔지. 누군가의 말마따나 천천히 가야 보이는 게 있는데 '더 빨리, 더 많이'를 추구하는 동안 나는 무엇을 놓쳤을까 생각해보게 되더라.

사실 뒤처질까봐 겁이 났을 때 '임신했잖아. 아이 낳고 더 열심히 하면 따라잡을 수 있어'라고 생각했어. 그날도 선배에게 연락을 하며 "괜찮아. 금방 속도를 되찾을 수 있어"라는 위로를 기대했거든. 그런데 반대의 조언에, 반대의 생각을 하게 된 거지. 결정적으로 앞으로 태어날 내 아이가 같은 상황에서 남과 비교하며 뒤처진다고 생각하기보다는 어떤 상황에서도 자기 페이스에 맞게 속도를 조절하는 사람으로 자라길 바라거든. 그런 사람으로 키우려면 나부터 그런 사람이 되어야 하고 말이야.

더 잘 먹고, 더 잘 자는 연습

내 페이스에 맞춰 속도를 찾으려면 무엇부터 해야 할지 남편과 이야기했어. 일단 남과의 비교를 멈추는 것. 한 사회의 구성원으로 살아가고 있으니 비교를 완전히 멈출 수는 없지만 비교를 시작하면 한도 끝도 없잖아. 내 모습을 남과 비교하려 할 때는 속도만 비교하는 것이 아니라 내 상황을 같이 떠올려보기로 했지.

또 무엇을 잃고 있는지 생각해보는 것도 방법이야. 무언가를 위해 노력할 때 얻게 될 것만 생각하게 되잖아. 가령 승진을 위해 자진해서 매일 야근을 한다면 그만큼 친구들이나 가족과 보낼 시간을 잃는 것일 수 있어. 친정아버지가 그러셨거든. 아버지는 자식들이 집안 형편 때문에 원하는 걸 하지 못하는 일이 없게 하려고 일 년 365일 쉬지 않고 일하셨는데 우리가 성인이 된 어느 날 그러시더라. 일하느라 우리 자라는 모습을 흘려보낸 게 너무 아쉽다고. 다시 돌아오지 않는 시간인데 아빠와 함께하는 추억을 남겨주지 못해 미안하다고 말이야. 우리 아버지만 그러시는 게 아니야. 회사의 부장급 선배들만 봐도 아이들이 잘 때 출근해 잘 때 퇴근하다보니 아이들의 어린 시절은 자는 모습만 기억난다며 아쉬움을 토로하는 분들이 많아.

우리 아버지도, 회사의 선배들도 일에 몰두하느라 자식과의 추억을 잃은 거잖아. "돌아보니 진짜 중요한 것을 놓치고 있었다"는 그분들의 후회를 반복하지 않으려면 지금 내가 얻고 있는 것과 잃고 있는 것을 동시에 생각해볼 필요가 있어. 얻고 있는 것과 잃고 있는 것을 같이 바라보며 그사이의 균형을 찾을 때 나에게 맞는 속도를 찾을 수 있는 거지.

특히 부모는 얻는 것과 잃는 것, 그리고 하나를 더 생각해야 해. 바로 기본적인 욕구들. 예를 들어 잠이나 밥 같은 것 말이야. 자고 먹는 건 너무도 당연한데 왜 고려해야 하느냐고? 부모가 되면 할 일이 많아지거든. 목도 가누지 못하는 아이를 먹이고 씻기고 재우는 것만으로도 벅찬데 이 아이를 돌보며 생기는 집안일도 곱절이 되지. 온종일 동동거리다보면 어느새 밤이야. 침대에 누워 한숨 돌리려고 하면 방금까지 쌕쌕 자던 아이가 눈을 번쩍 뜨고 울기 시작해. 내 잠, 내 밥을 챙기는 건 사치로 느껴지지. 하루이틀이면 꾹 참겠지만 부모 노릇에 시작은 있어도 끝은 없잖아. 부모도 사람인데 몇 년간 참을 수는 없어. 한계치까지 참고 견디는 게 아니라 내 밥과 내 잠을 챙길 방법을 찾아야지.

우선 내가 언제 최상의 컨디션인지를 살펴봐. 하루에 최소 몇 시간을 자야 아침에 수월하게 눈이 떠지는지, 밥은 세끼 모두 푸짐하게 먹어야 컨디션이 유지되는지 한끼 정도는 간단하게 먹어도 괜찮은지, 내 시간은 하루 혹은 일주일에 어느 정도 보장되어야 우울해지지 않는지를 점검해보는 거야.

컨디션을 유지하기 위한 조건들을 파악했으면 이제 그 조건들을 충족시킬 방법을 찾을 차례야.

일단 잠부터. 아이가 태어나면 절대적인 수면시간이 줄어드는 것도 힘들지만 더 힘든 건 2, 3시간 간격으로 아이가 깰 때마다 나도 같이 깨야 한다는 거야. 자다 깨기를 반복하지. 임신한 지금도 그렇잖아. 배 속 아기가 태동해서 깨기도 하고 소변이 마려워 일어나기도 해. 그럴수록 빨리, 깊게 잘 수 있는 방법을 찾는 게 도움이 돼.

예를 들어 수면 환경에서 숙면을 방해하는 요소들부터 빼는 거지. 아쉽지만 야식과 멀어지기로 했어. 배가 불러올수록 식사를 조금만 해도 금방 배가 차더라. 그래서 조금씩 자주 먹는 편이었거든. 평소엔 먹지 않던 야식도 먹곤 했어. 자연히 자려고 누우면 더부룩해서 쉽게 잠들지 못했지. 아이가 태어나도 그래. 아이가 잠들어야 배고픈 것도 느껴지거든. 늦은 밤에 야식을 먹기 쉬워. 그러다보면 숙면에 방해가 되겠지. 출출하더라도 야식을 먹지 않고 푹 자고 일어나 아침을 든든하게 먹는 게 잠에도 건강에도 체중 조절에도 좋아.

침대에서 스마트폰을 멀리하는 습관 역시 도움이 돼. 자기 전에 잠깐 스마트폰을 잡으면 30분은 훅 지나가잖아. 그야말로 '잠도둑'이 따로 없어. 게다가 과학적으로도 스마트폰은 청색광 때문에 수면에 악영향을 줘. 국립환경과학원의 실험 결과 자기 전에 스마트폰을 사용하면 잠이 드는 데 필요한 시간이 3배, 뒤척이는 횟수는 2배 증가했거든. 수면 유도 호르몬인 멜라토닌 분비도 방해를 받는다고 하니 스마트폰과 멀어질수록 푹 잘 수 있는 셈이야.

다음은 밥. 임신하기 전에는 아침에 일어나면 내가 아침을 차리는 동안 남편이 씻고, 같이 아침을 먹은 뒤 남편이 정리하고 설거지하는 동안 내가 씻었어. 임신하고는 초기에 입덧 때문에 크래커나 토스트로 간단하게 아침을 먹었고 중기부터 남편이 아침을 챙겨줬어. 남편이 요리에 능숙하지 않고 나도 임신한 뒤로는 아침잠이 많아져 시리얼이나 샐러드로 간단하게 먹었어.

어느 날 남편이 그러더라. 지금이야 아침을 간단하게 먹어도 각자 출근해서 점심을 든든하게 먹으면 되지만 아이가 태어나면 나 혼자 아이를 돌보며 식사까지 챙기기 어려울 테니 아침을 든든히 먹는 게 좋겠다고. 맞는 말이었어. 아침을 든든하게 먹으면 점심을 간단히 먹어도 되고, 저녁은 남편이 퇴근해서 같이 먹으면 되니 또 든든하게 먹을 수 있잖아.

누가 아침을 차릴 것이냐가 문제였어. 나는 임신 후기에 가까워질수록 불면증이며 소화불량에 시달리고 있었으니 남편이 차리기로 했지. 우리 부부는 아이에게 가급적 모유 수유를 할 계획이었거든. 그러면 나는 밤 수유를 하느라 잠을 제대로 자기 힘들 테니 출산 후에도 아침은 남편이 차리기로 했어.

그래서 이때부터 간단하지만 든든하게 먹을 수 있는 미역국이나 황태국, 두부된장국 등 몇 가지 요리를 익히기 시작했어. 반찬은 새벽에 배송해주는 업체들을 찾아 주문해보기도 했어. 우리 입맛에 맞는 곳에서 일주일 혹은 열흘에 한 번씩 주문해 먹으니 시간도 절약되고 좋더라. 출산 후 점심을 대비해 샐러드를 주문해보기도 했어. 찾아보니 매일 아침 샐러드를 배달해주는 업체도 많더라. 닭가슴살 샐러드나 두부 샐러드 같은 고단백 샐러드를 먹어보니 간편하고 든든해서 한끼 식사로 손색없었지.

실천하기

간단한 아침 메뉴

종류	요리법
누룽지	늦잠 잤거나 시간이 없어서 급할 때, 미리 만들거나 구매해둔 누룽지에 뜨거운 물을 붓기만 하면 든든하게 한 끼를 해결할 수 있다.
시리얼	우유랑 시리얼만 있으면 간편하게 아침을 해결할 수 있다. 여기에 과일이나 견과류를 곁들이면 더욱 건강하고 맛있는 아침 식사가 된다.
버터밥	집에 있는 채소 혹은 고기 재료를 밥과 함께 볶아준다. 마지막에 버터 조금과 간장을 넣고 비빈 뒤 달걀프라이를 올려주면 완성! 간단하지만 중독성 있는 버터밥으로 든든한 아침을 해결할 수 있다.
스크램블드 에그	밥이 안 당길 때는 달걀을 풀어 스크램블드에그를 만들어 먹는다. 방울토마토, 닭가슴살, 베이컨 등 재료들을 함께 볶아서 먹으면 맛있게 아침을 해결할 수 있다.
떡국	멸치·다시마 육수를 미리 끓여두면 빠르게 떡국을 만들 수 있다. 육수에 떡을 넣고 달걀을 풀어주면 완성! 여기에 소고기나 만두를 넣으면 만둣국, 소고기떡국도 쉽게 만들 수 있다.

알아두기

새벽배송 이용하기

저녁에 주문하면 다음날 아침에 받아보는 새벽배송을 이용해보자. 반찬이나 빵, 샐러드 등 간단한 아침 재료를 손쉽게 배달 받아 먹을 수 있다.

업체	새벽 배송 지역	주문 및 배송 시간
마켓컬리 www.kurly.com	서울, 경기, 인천 일부	밤 11시 이전 주문, 다음날 오전 7시 전 배송
이마트 새벽배송 (SSG) www.ssg.com	서울, 경기 일부	자정까지 주문, 다음날 오전 6시 전 배송
헬로네이처 www.hellonature. net	서울, 경기	밤 12시 이전 주문, 다음날 새벽 배송
오아시스 www.oasis.co.kr	서울, 경기, 인천 일부	밤 11시 이전 주문, 다음날 오전 7시 전 배송
쿠팡 (로켓 프레시) www.coupang.com	전국 대부분 지역	밤 12시 이전 주문, 다음날 오전 7시 전 배송

조금 더 잘 자고, 잘 먹을 방법을 찾는 건 생활을 적극적으로 관리한다는 말과 크게 다르지 않더라. 《미니멀 육아의 행복》의 저자인 크리스틴 고Christine Koh와 아샤 돈페스트Asha Dornfest는 아이가 태어나고 시간에 쫓긴다는 부모들에게 "당신은 스스로를 돌보고, 직장에서 업무를 수행하고, 인간관계를 원만히 유지하면서도 부모 노릇을 훌륭히 수행할 충분한 시간이 있다"라고 말했어.

책을 읽을 때만 해도 속으로 '머리로는 가능하지'라고 생각했는데 맞는 말일 수 있겠더라. 그들은 부모 노릇이 정신없고 고된 이유가 부모들이 "너무 많은 것들" 속에서 허우적대고 있기 때문이라고 주장해. 할 일이나 욕구 등을 점검하면 "좋아하고 원하는 것들은 더 할 수 있고, 원치 않는 것들은 덜 할 수 있는 길"이 보인다는 거야.

침대에서 스마트폰을 치우는 것만으로 수면시간이 늘어나. 그동안은 바쁜 일상에 잘 시간이 부족하다고만 생각했는데 스마트폰을 치운 뒤에야 그동안 침대에 누워 얼마만큼의 시간을 낭비했는지 느껴지더라. 저자들의 주장대로 '좋아하고 원하는 것을 더 하고, 원치 않는 것을 덜 하기' 위해 할 일을 적극적으로 관리해보기로 했어.

일단 아침에 일어나서부터 잠들 때까지 하루 동안 한 일을 30분 단위로 나열했어. 일과표를 작성하고 보니 출퇴근길 대중교통 안에서 보낸 시간이 대략 한 시간인데 그 시간 동안 페이스북이나 인스타그램을 확인하고 있었어. 자기 전 드라마를 보고 이 채널 저 채널을 살피며 시간을 보내기도 했고. 이 시간만 모아도 하루에 한 시

점검하기

나의 시간 도둑을 찾아서 적어보자.

아내	남편
• 목적 없이 스마트폰 보기	• 웹툰 보기
•	•
•	•

간 반이었지. 읽을 시간이 없다는 핑계로 책상 위에 쌓아둔 책들이 눈에 들어오더라.

다음 단계는 습관처럼 하던 행동들을 빼고 하고 싶은 일들을 넣는 거였어. SNS를 확인하는 시간에 전자책을 읽기로 했어. '채널 서핑'을 하는 시간에 잠을 더 자기로 했고.

할 일의 우선순위를 정하는 것도 도움이 돼. 드와이트 아이젠하워Dwight Eisenhower의 '시간 관리 ABC 법칙'이 있는데 할 일을 중요도와 시급성에 따라 구분하는 거야. A는 시급하면서 중요한 일, B는 시급하지 않지만 중요한 일, C는 시급하지만 중요하지 않은 일, D는 시급하지도 중요하지도 않은 일이지.

A에 속하는 일들은 시급하면서 중요하니 가장 먼저 하는 거야. 반면 D에 속하는 일들은 중요하지 않고 급하지도 않으니 우선순위에서 미뤄.

문제는 B와 C야. 어르신들이 목소리 큰 사람이 이긴다고들 하시잖아. 중요도로 따지면 당연히 B가 C보다 앞서는데, C가 급한 것처럼 느껴지니 나도 모르게 C부터 하게 될 때가 많아. 그런데 차분히 생각해보면 B에 속하는 일들은 가정과 관련된 것이 대부분이야.

가령 부모가 된 뒤에 이런 일이 있다고 가정해봐. 퇴근할 시간에 부서장이 가급적 빨리 처리해달라며 일을 줬어. 그런데 출근할 때 저녁 먹기 전에 집에 오겠다고 아이와 약속하고 집을 나섰어. 많은 경우 퇴근 시간에 떨어지는 업무 지시는 진짜 급하기보다는 말 그대로 '가급적 빨리' 해주면 좋겠다는 바람이 담긴 경우야. C에 속하는 거지.

반면 아이와의 약속은 중요하지만 아이가 기다려줄 수 있으니 B에 속해. ABC 순으로 우선순위를 가지니 아이와의 약속이 우선이어야 하는데 현실에서는 보통 부서장의 지시를 따르게 되지. 그래서 더욱더 우선순위를 기억해야 하는 것 같아. 이 말은 우선순위를 기억하지 않으면 우선순위대로 살 수 없다는 뜻이기도 하니까. 할 일이 많아질수록 우선순위를 기억하고, 우선순위를 지키는 연습을 하자. 그래야 나를 내가 원하는 곳에 쓸 수 있어.

옆의 표에 오늘의 할 일을 쭉 나열해봐. 그리고 ABC 법칙에 따라 오른쪽 도표에 다시 정리해봐.

점검하기

오늘의 할 일	우선순위 정하기
	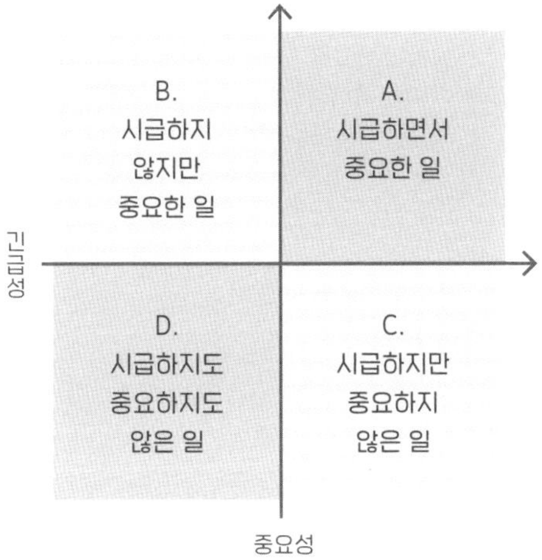 B. 시급하지 않지만 중요한 일 A. 시급하면서 중요한 일 D. 시급하지도 중요하지도 않은 일 C. 시급하지만 중요하지 않은 일 긴급성 중요성

태교 여행? 부부 여행!

그러고 보니 어느덧 다음달이면 임신도 중기를 넘어 후기에 들어서. 얼마 전까지만 해도 '배 속에서 잘 자라고 있을까?'가 궁금했는데 이제는 '잘 낳을 수 있을까?' 걱정되는 거 보면 출산이 성큼 다가온 것 같아. 임신하고는 어서 아기를 만나고 싶은 마음 반, 여행하고 싶은 마음 반으로 시간이 빨리 흐르기를 바랐어.

알아두기

태교 여행에 주의해야 하는 경우
(여행 전 담당 의사 선생님과 한번 상의해보는 게 좋다.)

- 임신성 고혈압, 전치태반, 임신성 당뇨 등 고위험 임신인 경우
- 쌍둥이 임신 혹은 조산의 염려가 있는 경우
- 유행성 바이러스 질환이 돌고 있는 경우
- 임신 36주차 이후로, 예정일이 얼마 남지 않은 경우

결혼 전까지만 해도 여행을 즐기지 않았던 남편과 나는 결혼하면서 이제 평생 여행파트너가 생겼으니 수시로 여행을 하자고 약속했거든. 주말이면 근교로, 짧은 휴가를 낼 수 있으면 지방으로 여행을 다니고 일 년에 한 번 이상 해외여행을 하자고 했지. 그런데 임신하니 여행이 쉽지 않더라. 임신을 준비할 때는 '임신을 하면', 임신을 하고는 '초기 유산 위험만 없어지면'으로 미뤄졌지. 그래서 임신 12주차가 지나 병원에 갔을 때 의사 선생님의 "태교 여행을 가려면 지금부터 35주까지는 무리하지 않는 선에서 계획해도 좋다"는 말씀이 그렇게 반갑더라.

어디로, 언제, 얼마나 갈까 상의하다가 문득 기분이 묘해졌어. 의사 선생님도 '태교 여행'이라고 하셨고, 나도 다른 임신부들의 경험담을 참고하기 위해 '태교 여행 추천'을 검색하고 있었거든. 주변에서 많이 들어 익숙한 단어인데 막상 임신하고 여행을 계획하는 입장이 되니 '왜 태교 여행이라고 하지?' 싶어진 거지.

태교의 사전적 의미는 '임신 중 태아를 교육한다'이잖아. 이 여행이 태아를 교육하기 위해서인가? 아니. 교육의 의미를 떠나 태아를 위해서인가? 다시 생각해봐도 대답은 또 아니었어. 그래서 부부 둘만의 마지막 여행(물론 아이들이 어느 정도 자라면 우리 둘만 여행을 갈 수 있으니 정확히 말하면 '당분간 마지막 여행'이겠지만)이라 생각하고 계획하기로 했어. 임신하고 신경 쓸 것도, 조심할 것도, 준비할 것도 많아 평소보다 긴장한 채 지냈으니 스트레스도 풀 겸 완전히 휴식하는 시간을 가지고 싶었던 것도 사실이고 말이야.

일단 여행지부터 추렸어. 임신 중기라 배 속 아기는 안정되어 있었어. 반대로 나는 아기가 무럭무럭 자랄수록 자궁이 커지고, 커진 자궁은 심장과 폐를 압박해 가슴이 자주 두근거렸지. 조금만 빠르게 걸어도 숨이 차곤 했어. 한 자세로 오래 앉아 있거나 밤중에 다리에 쥐가 나는 일도 잦았고. 임신 전에는 버스를 타고 출퇴근했는데 임신하고 배가 불러오면서 지하철로 바꿨어. 버스는 균형을 잡기도 어렵고 내가 움직이고 싶을 때 움직이기도 어렵고, 갑자기 화장실에 가고 싶어서 내려도 근처에 화장실이 있는지 알 수 없으니까.

여행도 마찬가지야. 비슷한 이유로 버스보다는 기차를 타고 여행하기로 했지. 의사 선생님도 임신 중 여행은 거리보다 이동 중 몸이 얼마나 흔들리느냐가 더 중요하다고 하셨어. 장거리 이동이라도 수시로 쉬고 몸을 편하게 할 수 있는지 살피라고 조언해주셨지. 그리고 무엇보다 남편도 나도 긴장을 모두 내려놓고 자연과 더불어 쉬고 싶었어. 자연스럽게 해외여행까지 고려하게 됐어.

점검하기	
질문에 하나씩 체크해보자.	
여행의 목적은?	
여행지의 위치는?	
여행 전 담당 의사와 가능 여부 상담했는가?	
여행지의 날씨나 치안은 어떠한가?	
바이러스성 질환이 유행하지는 않은가?	
비행기를 이용한다면, 좌석은 움직이기 편한 복도 쪽으로 예약했는가?	
여행 중에 여유롭게 쉴 수 있는가?	
숙소나 이동 경로 중 가까운 현지 병원 위치는 파악했는가?	
여행지 음식과 물의 위생 상태가 확실한가?	

처음에는 부른 배로 비행기를 타야 하는 게 부담스러웠거든. 그런데 영국왕립산부인과학회에서 발표한 '임신부 비행기 탑승 가이드라인'에 따르면 임신 36주까지는 비행기를 타도 괜찮아.

국내 항공사들도 의사로부터 항공 여행 금지를 권고받은 임신부의 경우를 제외하고 32주차까지의 임신부는 일반인과 다름없이 비행기 탑승을 허용하고 있어. (항공사에 따라 26~32주 사이의 임신부는 탑승일 기준 7일 이내에 작성된 진단서나 소견서, 임신 36주 이상의 임신부는 탑승일 기준 3일

알아두기

인기 있는 해외 태교 여행지

여행지	비행시간 (인천 출발 기준)	체크 포인트
괌	4시간 30분	휴양과 쇼핑, 두 마리 토끼를 잡을 수 있다. 특히 면세구역으로 저렴하게 출산용품을 구입할 수 있다.
코타키나발루	5시간	세계 3대 석양을 배경으로 인생 사진을 남길 수 있다. 로맨틱한 반딧불 투어도 추천!
사이판	4시간 30분	아름다운 자연뿐만 아니라 쇼핑몰도 잘 갖춰져 있어 일석이조 여행이 가능하다.
나트랑	5시간	휴양, 관광, 맛집 두루두루 괜찮은 곳 물가도 저렴해 가성비를 따진다면 추천!
세부	4시간 30분	아름다운 해변과 리조트에서 저렴한 가격으로 마사지를 받으며 푹 쉴 수 있는 점이 가장 큰 매력이다.

이내에 작성된 진단서나 소견서를 요구하기도 하니 여행 계획을 짤 때 참고해.)

아무래도 비행기를 타면 방사선에 노출되는 것도 걱정됐는데 양수와 양막으로 둘러싸인 태아에게 영향을 미칠 만큼 피폭량이 많지 않대. 오히려 심부정맥 혈전증이 생기지 않도록 조심해야 하지. 심부정맥 혈전증은 다리에 혈액순환이 잘 되지 않아 혈전이 생기는 질환인데 비행기를 타면 좁고 불편한 자리에 오래 앉아 있어야 하잖아. 건조한 실내 환경에서 발생률이 높아지는데 비행기 실내는 사막보다 건조하거든.

임신부는 오래 앉아 있으면 골반 주위의 혈관이 눌리기 때문에 아무래도 더 조심해야 하고. 그래서 영국왕립산부인과학회는 임신부가 네 시간 이상 비행기를 탈 경우 헐렁한 옷과 편한 신발을 착용하고 복도 쪽에 앉아 30분에 한 번씩은 통로를 걸어 다닐 것을 조언해. 물을 수시로 마시며 압박스타킹을 신을 것도 권고하고 있어. 가급적 편안하고 여유로운 여행을 계획하면 아기에게도, 출산을 앞둔 부부에게도 좋은 추억이 될 거야.

우리에게 맞는 분만법은?

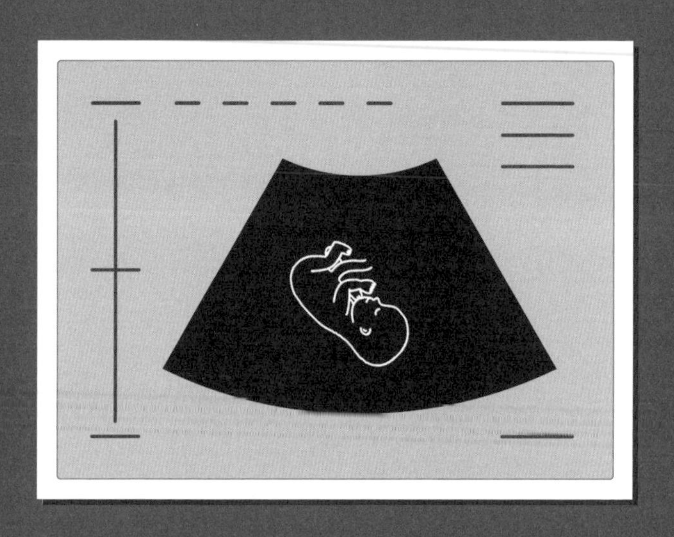

태아의 변화

28주

일정한 간격을 두고 잠이 들었다가 깨어나거나
탯줄을 잡으며 장난을 치기도 한다.

29주

자궁 밖의 빛을 감지한다.
밝은 빛을 비추면 고개를 돌린다.

30주

횡격막으로 숨쉬는 연습을 한다.
두뇌도 하루가 다르게 성장해 바깥세상에서
학습할 준비를 한다.

31주

생식기관이 발달해 완전히 자리잡게 된다.

엄마의 변화

배가 자주 당기고 질 분비물이 증가한다. 자궁이 갈비뼈 바로 아래까지 확장되어 갈비뼈가 아플 수 있다. 종아리에 혈관이 튀어나오는 하지정맥류가 심해질 수 있다.

함께 신경 써야 할 점

분만에 대한 후기나 관련 정보를 찾아보고 부부가 서로 공유한다. 임신 상태가 점점 힘들어지고 지루하게 느껴질 수 있다. 체중 증가에도 신경 써야 하니 함께 산책이나 운동을 하면 좋다.

산후
조리원

조산 신호 익혀두기

태교 여행을 다녀와서 병원에 정기검진을 받으러 갔더니 의사 선생님께서 이제 임신 후기에 접어들었으니 배 속의 아기를 잘 키우는 것을 넘어 아이와 만날 준비를 시작하자고 하셨어. 임신 초기에는 격주에 한 번, 중기에는 한 달에 한 번 정기검진을 했는데 후기부터는 다시 격주로 검진 간격이 좁아졌지. 나 같은 경우는 정기검진은 집 근처 산부인과에서 하고 출산만 대형병원에서 하기로 했잖아. 후기가 되니 의사 선생님께서 진료의뢰서와 그동안 받은 검사 결과들을 챙겨주시며 출산할 병원으로 이관하라고 하셨어.

그전까지는 초음파를 볼 때 눈, 코, 입, 손가락, 발가락 위주로 보여주셨는데 이번에는 심장, 위, 폐 등 기관을 하나하나 보여주시며 "이제 엄마의 배 속에서 나와도 살 수 있는 최소한의 기능을 갖췄어요"라고 하시더라. 이제 진짜 출산이 다가오는구나, 실감이 났어. 임신이 끝나간다는 생각에 긴장이 탁 풀어지려는 순간, 의사 선생님이 덧붙이셨지. "그렇다고 아기를 지금 낳아도 좋다는 건 아니에요. 36주까지는 엄마 배 속이 가장 좋은 환경이에요."

세계보건기구WHO는 임신 37주 미만에 태어난 아기는 미숙아 또는 조산아로 분류해. 조산아가 생존 가능한 임신 주수는 세계보건기구 기준 임신 23주차, 미국 산부인과학회 기준 임신 25주차로 정하고 있어. 서울대학교 산부인과 이승민 교수에 따르면 임신 26주차에 태어난 조산아의 생존률은 약 25퍼센트, 29주차에는 90퍼센트로 올라가.

알아두기

임신 후기에 찾아오는 주요 변화

- 하루에 몇 번씩 자궁이 뭉치면서 수축하는 것을 느낀다. 이때는 잠시 쉬면 좋지만 자주 수축이 일어나면 조산 위험 때문에 병원에 가서 진찰을 받아보는 게 좋다.
- 자궁경부에서 배출하는 분비물이 늘어나서 외음부에 접촉성 피부염이나 습진이 생길 수 있다. 속옷을 자주 갈아입는 것이 좋다.
- 태아가 급속도로 성장하기 때문에 체중이 빠르게 증가한다. 이 시기에는 균형 잡힌 식생활로 태아에게 영양분을 제공하는 것이 좋다.
- 태아가 자라면서 배 속에 여유 공간이 별로 없어서 가슴 통증과 숨 가쁨이 심해질 수 있다. 평소에 똑바로 자세로 앉는 습관을 들이면 가슴 통증을 완화할 수 있다.

하지만 조산아의 경우 장기가 미성숙해 폐질환이나 뇌성마비 등을 포함한 뇌질환, 괴사성 장염 등 여러 가지 합병증이 생길 수 있어. 32~34주에 태어난 경우 합병증 발병률이 확연히 낮아진다고 하니 의사 선생님의 '엄마 배 속이 가장 좋은 환경'이라는 말씀이 무슨 뜻인지 알겠더라.

그래서 이 시기부터는 조산에 주의해야 해. 조산은 임신 20주부터 36주 6일까지의 분만을 말해. 안타까운 건 우리나라에서만 매년 3~4만 명의 조산아가 발생하고, 조산아들은 영아 사망의 절반을 차지할 뿐만 아니라 다양한 합병증에 시달리는데 정확한 원인을 밝힐 수 없는 경우가 대부분이라는 거야. 연구가 계속되고 있으니 지금으로써는 정기검진을 잘 받고 조산의 증후들을 알아뒀다가 증상이 나타날 경우 의사 선생님과 상의하는 것이 최선이지.

알아두기

조산 신호

배 뭉침의 잦은 반복	배 뭉침이 한 시간에 3~4회 이상 반복되면 병원에 가서 검사를 받아보는 것이 좋다.
출혈	소량의 출혈이라도 자궁 입구가 변화면서 출혈이 생기는 경우가 있다. 병원에 가는 게 좋다.
조기 양막 파수	맑고 따뜻한 액체가 흘러나오면 양수일 가능성이 있다. 즉시 병원으로 가는 것이 좋다.

흔히 배가 뭉친다고 하잖아. 출산이 가까워질수록 배 뭉침 횟수가 증가해서 가진통으로 발전하는데, 자궁이 수축하며 불규칙하게 나타나. 반면 전체 조산의 75퍼센트를 차지하는 자연 조산의 경우 조기진통이 나타나. 조기진통은 대개 규칙적이며 강도가 세어지지.

배가 자주 뭉친다면 불규칙적인지 규칙적인지, 강도가 일정한지 세어지는지를 확인할 필요가 있어. 또 질 분비물이 갑자기 증가하거나 출혈, 양막파수가 의심될 때는 즉시 내원해 진찰을 받아야 해. 조기진통이 있는 산모 중 30퍼센트는 입원해 안정을 취하면 저절로 증상이 사라져. 약물치료로 임신 기간을 다소 연장할 수도 있다고 하니 아기가 보내는 신호, 내 몸이 보내는 신호에 민감해지면 좋아.

아기가 세상에 태어날 시간이 얼마 남지 않았다는 건 아기를 배 속에 품는 것이 조금씩 버거워진다는 뜻이기도 해. 솔직히 말하면 아기가 무럭무럭 자라는 게 기쁘고 감사하지만 그 아기를 품은 내 힘듦 지수도 무럭무럭 자라났거든. 자궁이 커지니 자궁을 받치는 근육과 인대가 늘어나 복부 통증이 심해지고 몸도 더 잘 붓더라. 조금만 먹어도 속이 더부룩해 잘 먹지 못하는 '후기 입덧'이 다시 생기기도 했어. 출산을 앞두고 태아의 머리가 골반 쪽으로 내려오면서 자궁이 방광을 눌러 요의가 잦아지기도 했지. 자다 깨서 화장실에 가는 일이 하룻밤에도 2, 3번 반복됐다니까. 골반과 엉덩이가 아픈 치골통에 이어 갈비뼈까지 아팠어. 하루는 오른쪽 갈비뼈 쪽이 담 걸린 것처럼 아파 눈물이 날 것 같다고 하니 남편이 "아기한테 방 빼라고 하고 싶다"며 어찌할 바를 모르더라.

자연분만 vs 제왕절개, 최선의 분만법 찾기

의사 선생님은 조산의 증후가 있는지 세심히 살피면서 아기의 위치를 말씀해주셨어. 30주차 정기검진을 받았는데 '역아'라고 하시는 거야. 태아는 엄마와 반대로 거꾸로 서 있는 자세가 정상이래. 만약 엄마와 같은 방향으로 서 있으면 반대로 서 있다고 해서 역아라고 해. 태아의 20퍼센트 정도가 임신 30주차까지 머리를 위로 하고 있다고 해.

의사 선생님은 "지금은 역아여도 출산일이 가까워지면 저절로 자리를 잡는 경우가 대부분이니 다음 검진 때 살펴보자"고 하셨지만 불안이 가시질 않았어. 만약 머리가 계속 위를 향하고 있으면 어떻게 되느냐고 물었더니 그 경우 난산의 위험이 크기 때문에 제왕절개로 분만을 할 수 있다고 하시더라. 알아보니 분만 때까지 역아인 경우는 3~4퍼센트 정도였어.

역아라고 해도 아이에게 이상이 있는 게 아니고, 제왕절개로 분만하면 되니 문제 삼을 일이 아닌데 마음은 그렇지 않더라. 당연히 자연분만을 할 거라고 생각했거든.

주변에 역아를 돌릴 방법을 묻기 시작했지. '고양이 자세'라고 알려진 스트레칭을 많이들 추천하더라. 반대로 전문가들은 과학적으로 입증된 바가 없다며 고양이 자세를 무리해서 하다가는 역효과가 날 수 있으니 조심해야 한다고 했어.

고민이 깊었는지 울적해보였나봐. 한 지인이 무슨 일 있느냐고 묻더라. 자연분만을 하고 싶은데 역아라 어떻게 해야 할지 모르겠다고 털어놓으니 대뜸 "왜 자연분만을 하고 싶으냐?"고 묻는 거야. 자연분만하면 출산 후 회복이 빠르고, 입원 기간이 짧아 경제적 부담이 적고, 아이가 좁은 산도를 통과하는 동안 양수와 분비물을 토해내 태어남과 동시에 폐로 활발하게 호흡을 하고 면역력도 생기는 등 장점이 있으니 자연분만을 하고 싶은 게 당연한 거 아니겠어? 그리고 임신했다는 말에 가장 많이 듣는 질문 중 하나가 "자연분만할 거지?"였는걸.

지인은 바로 그 점이 문제라고 했어. 출산은 분만 방법의 장단점을 비교해 가장 장점이 많은 방법을 취하는 게 아니라 산모와 아기의 상태를 살펴 가장 안전한 방법으로 진행되어야 하는데 대부분 장점이 많다는 이유로 자연분만을 고집하고, 자연분만을 권한다는 거야.

알아두기

분만법 비교하기

	자연분만	제왕절개
정의	자연적인 자궁 수축과 진통으로 자궁경부가 열리며 태아가 세상으로 나오는 과정이다.	생리적인 산도를 통하지 않고 하복부를 절개하여 태아를 꺼내는 수술이다.
분만 시간	초산은 8~10시간, 경산은 4~5시간	약 1시간 정도 소요된다.
출산 후 입원 기간	평균적으로 2박 3일 입원한다.	평균적으로 4박 5일 입원한다.
병원비	병원마다 차이가 있지만 다인실 기준 30~40만 원 정도 발생한다.	자연분만 대비 2~3배 정도의 비용이 발생할 수 있다.
회복 기간	회음부 통증은 있지만, 출산 후 몇 시간이 지나면 걷기 등 일상적인 활동이 가능하다.	마취, 절개 등의 통증으로 인한 진통제 투여로 회복 시간을 조금 더 오래 가져야 한다.

그리고 출산의 주체인 산모의 의사도 중요해. 산모가 제왕절개를 선호한다면, 이 또한 고려해야 할 점이야. 실제로 요즘은 제왕절개를 선택하는 부부들도 많고 말이야.

아차 싶었어. 맞는 말이었거든. 나도 자연분만이 좋다고 하니까,

어떻게 하면 자연분만을 할 수 있을까만 고민하고 있었어. 아이와 나에게 가장 안전한 방법이 무엇인지는 생각하지 않았지. 자연분만과 제왕절개를 두고 어떤 상황에서 자연분만이 어려운지, 내가 노력해서 바꿀 수 있는 게 있는지, 우리 부부는 어떤 분만법을 선호하는지 등을 체크해보고 의사 선생님과 상의해 분만 방법을 정하기로 했어.

그러고 보면 임신하고는 당연히 자연분만하고, 당연히 모유 수유를 해야 한다고 생각했어. 자연분만이 좋다고 하니까, 모유 수유를 한 아이가 건강하다고 하니까. 아이에게 최고만 주고 싶은 게 부모 마음이잖아. 최고를 주기 위해 노력하게 되지. 의문이 들더라. 위험을 무릅쓰고 자연분만을 고집하는 게 최고일까? 젖몸살을 수시로 앓으며 모유 수유를 지속하는 게 최고일까?

자연분만하고 모유 수유를 했다는 결과만 봐서는 최고라는 생각이 들지 몰라도 최선은 아닐 수 있어. 자연분만보다 제왕절개가 안전한 상황이라면 자연분만을 하지 못한다고 아이에게 미안해하고 아쉬워하는 대신 제왕절개를 한 뒤 빨리 회복할 방법을 찾고, 젖몸살이 잦다면 분유를 먹이며 건강한 몸으로 아이를 돌보는 게 나은 선택일 거야. 나와 내 아이, 우리 가족 모두에게 좋은 방법이 진짜 좋은 방법이니까. 조금 철학적으로 들릴지도 모르겠지만 우리 가족에게 최선인 방법을 찾다보면 세상의 기준이 아닌 우리 가족만의 기준으로 바라보게 되고, 세상의 정답이 아닌 우리 가족만의 정답을 찾는 기회로 이어지는 것 같아.

알아두기	
좋은 엄마에 대한 몇 가지 고정관념 깨기	
자연분만	자연분만이란 어떤 종류의 약물에도 의지하지 않고 자연적인 상태 그대로 아기를 낳는 것을 의미한다. 자연분만만의 장점이 많다고 다들 선호하지만 무리할 필요는 없다. 산모와 아이의 상태에 맞는 출산법이 가장 좋은 선택이다.
모유 수유	모유 수유의 장점이 많은 것은 사실이지만 모든 사람에게 다 좋은 건 아니다. 모유 수유를 하고 싶다면 우선 4~6주 정도는 시도해보는 것이 좋다. 그리고 계속할지 혼합 수유를 할지 분유 수유를 할지 결정해도 괜찮다.
3세 신화, 애착 이론	아이의 애착 형성을 위해서 3살까지는 엄마가 육아에 전념하는 게 좋다는 이야기가 있지만, 최근 연구 결과들에 따르면 안전한 환경에서 애정을 갖고 양육한다면 아빠나 조부모, 돌봄교사 등 어떤 사람이 돌보더라도 안정적인 애착을 형성할 수 있다.

두 마리 토끼를 잡는 산후조리법

이제 산후조리를 어떻게 할지도 고민해봐야 해. 크게는 산후조리원에 들어가거나 집에서 산후도우미의 도움을 받거나 부모님께 부탁하는 경우로 나뉘는 것 같아. 나는 두 아이의 엄마이다보니 산후조리도 두 번 하며 이 세 가지 방법을 모두 경험했어.

첫째를 임신했을 때는 사실 큰 고민을 하지 않았어. 출산 후 회복까지 얼마나 걸릴지 가늠이 되지 않았고, 혼자 아이를 돌볼 자신도 없었거든. 산후조리원에 들어가면 신생아실에서 아이를 돌봐주시니 아이를 걱정할 필요가 없고, 산모의 회복을 위한 다양한 프로그램과 모유 수유, 아기 목욕시키기 등 신생아를 돌보는 법도 가르쳐주시니 조금씩 익혀서 퇴소하면 되겠다고 생각했지.

산후조리원에 있는 동안 남편과 떨어져 있어야 하는 게 걸렸는데 많은 산후조리원이 낮에는 남편의 방문을 제한하지 않고 있었어. 잠도 같이 잘 수 있는데 아무래도 산후조리원이다보니 실내가 따뜻하거든. 남편은 더우면 잠들지 못하는 편이라 낮에 같이 있다가 밤에 집으로 돌아갔어. 남편이 오가야 하니 집 근처의 조리원을 알아보고 예약했고.

아이를 낳고 퇴원한 뒤 산후조리원에 들어갔지. 좋았어. 병원에서는 모유 수유를 할 시간이 되면 내가 모유 수유실로 가야 했는데 산후조리원은 시간에 맞춰 아이를 방으로 데려오시더라. 젖 물리는 법부터 아이를 안정적으로 안으면서 어깨와 목 통증을 최소화할 수 있는 자세까지. 수유하는 내내 옆에서 지도해주셨어. 내 몸 상태를 살펴 유방 마사지나 전신 마사지도 받을 수 있었고 말이야.

그런데 하루이틀 지나니 답답하더라. 낯가림이 있어서 처음 보는 사람들과 어울리는 걸 선호하지 않는데 단체 프로그램도 적지 않았어. 나는 회복에 전념하면서 정보성 프로그램에 참가하지 않기로 했지.

퇴소일이 다가올수록 '내가 이 아기를 잘 돌볼 수 있을까?' 자신

점검하기

산후조리원 알아볼 때 체크리스트

우선 업체를 두세 군데로 줄이고, 더 꼼꼼하게 체크해보자.

	질문 내용	체크
1	병원이랑 거리는 가까운가?	
2	집이랑 거리는 가까운가?	
3	룸 컨디션은 좋은가?	
4	기타 시설(족욕실, 정원) 등은 잘되어 있는가?	
5	면회 규정은 어떠한가?	
6	남편 동반 입실이 가능한가?	
7	신생아당 간호원 수는 몇인가?	
8	신생아실 CCTV는 있는가?	
9	전문 의료인이 상주해 있는가?	
10	소아과 의사가 회진하는 곳인가?	
11	식단 구성은 어떠한가?	
12	기저귀나 분유는 어디 것인가?	
13	2주 조리 비용은 얼마인가?	
14	마사지 등 추가로 드는 비용이 있는가?	
15	환불 제도나 사고 피해 보상 규정이 있는가?	

이 없어졌어. 산후조리원에 있는 동안 익히면 무리가 없을 줄 알았는데 아기를 안는 자세가 여전히 엉거주춤했거든. 수시로 우는 아기를 달래고 목욕시키는 걸 지켜보며 '역시 전문가는 다르구나' 감탄하면서도 '이곳을 나가면 모두 내가 할 일이네' 눈앞이 깜깜해졌지.

그래서 퇴소 후 집으로 가려던 계획을 친정에 들어가는 것으로 바꿨어. 집에 가면 그렇지 않아도 육아가 서툰데 살림까지 해야 하지만 친정에 가면 부모님이 도와주실 테니 생각만으로도 든든했어.

그렇게 친정으로 향했지. 부모님은 예상대로 따뜻하게 돌봐주셨어. 말 그대로 살림에는 손가락 하나 까딱하지 못하게 하셨지. 솔직히 말하면 엄마는 우리 삼 남매를 키우셨으니 '육아의 달인'일 줄 알았거든. 우는 아이 달래는 것쯤은 일도 아닐 거라고 생각했어.

그런데 친정에 간 날, 현관에서 기다리던 엄마가 아기를 엉거주춤한 자세로 받는 거야! 엄마도 당황했는지 "너희들 키운 지 30년이 지나니 어떻게 안았는지 기억이 안 나네"라고 하시더라. 기저귀 가는 것도, 옷 갈아입히는 것도 엄마나 나나 도긴개긴이었어.

또 하나 생각지 못한 변수는 남편이었어. 친정이 남편의 직장과 멀어서, 친정에서 도움을 받는데 남편까지 같이 가면 부모님이 더 힘드실까봐 나와 아기만 친정에 갔거든. 남편은 주말에만 오고 말이야.

친정에서 한 달을 지내는 동안 나는 아이와 씨름을 하며 '왕초보'에서 벗어날 수 있었지만 주말에만 아기를 만나는 남편은 왕초보에 머물렀지. 어느 순간부터는 육아에 조금은 익숙해진 내 눈에 왕초보인 남편이 미덥지 않더라. 남편에게 아기를 맡기지 않았고

알아두기

산후조리원 vs 산후도우미 vs 부모님

	산후조리원	산후도우미	부모님
장점	매일 아이 상태를 체크받을 수 있다.	내 집이라서 마음이 안정되고 편하다.	부모님의 보살핌이 편하다면 몸도 마음도 편하게 쉴 수 있다.
단점	일대일 보살핌을 받기에는 한계가 있고, 비용이 많이 든다.	낯선 사람에게 아이와 살림을 맡기다보면 신경이 쓰인다.	편한 만큼 부모님의 간섭이 많아질 수 있다.

우리 둘 사이의 '육아 갭'은 점점 벌어지고 말았어.

첫째를 낳고 산후조리원과 친정에서 조리하며 장단점을 알게 됐지. 그래서 둘째를 낳고는 집에서 산후도우미의 도움을 받기로 했어. 산후조리원과 비교해보니 조리원에 2주 머물 비용이면 산후도우미의 도움을 4주나 받을 수 있었지.

그래서 후자를 택했어. 첫째를 낳고 산후조리원과 친정에 갔다가 우리집으로 돌아왔을 땐 무언가 새로 시작해야 하는 느낌이었거든. 친정에 한 달간 머무르며 수유를 어떻게 할 때가 더 편한지, 기저귀함을 어디에 둘 때가 덜 움직일 수 있는지 등 나와 아기에게 맞는 육아 환경을 겨우 찾았는데 우리집으로 돌아오니 그 과정을 다시 한 번 해야 하더라.

산후조리원에서는 아기를 잘 돌봐주셔서 편했지만 내가 아기를 돌보기보다는 조리원에서 아기를 돌보는 것을 지켜보는 시간이 더 많았어. 관찰자의 입장에 있을 때가 많았지. 그러다보니 퇴소할 때 육아가 더 겁이 났고. 집에서 산후도우미의 도움을 받으면 두 가지 아쉬움을 모두 해결할 수 있겠더라. 우리집으로 산후도우미가 오시니 처음부터 최적화된 육아 환경을 찾을 수 있고, 그 과정에서 내가 놓치는 걸 전문가인 산후도우미가 보완해주실 수도 있어. 산후도우미는 나와 아이를 일대일로 돌봐주시니 그 점에서도 강점이 있었고 말이야. 남편도 퇴근 후에 아이와 같이 있을 수 있으니 자연스럽게 육아 참여도가 높아졌어.

반면 산후조리원은 소아과와 연계되어 하루에 한 번 아기 상태를 살펴주셨는데 집에서 산후조리를 하면서는 그게 되지 않아 아쉬웠어. 산후도우미가 살림까지 도와주시지만 아무래도 '내 집, 내 살림'이다보니 신경이 쓰이더라. 산후도우미께서 말리셔도 "이것만 제가 할게요"라고 할 때가 많았어. 또 아무래도 일대일 보살핌을 받는 만큼 산후도우미와 나, 남편과의 궁합도 중요해. 마음이 맞지 않으면 산후조리 기간 내내 힘들 수 있어.

출산휴가, 구체적으로 계획하기

아기 만날 준비를 하는 동시에 회사에서는 자리 비울 준비를 시작했어. 예정일까지 석 달 정도 남았지만 혹시 모를 상황을 대비해야 하니까. 연간 일정으로 잡혀 있어 미리 해둘 수 있는 일은 미리 하고, 주요 업무에 대한 인수인계 파일도 틈나는 대로 작성했어. 그리고 이때부터는 장기 프로젝트에 참여하는 데 신중했어. 한 달 안에 끝나는 프로젝트면 출산까지 큰 무리가 없지만 두 달, 세 달 이어지면 프로젝트가 끝나기 전에 출산휴가를 써야 하는 상황이 생길 수 있으니까.

그렇다고 장기 프로젝트에 들어가지 않았던 것은 아니야. 프로젝트팀이 꾸려질 때 내 상황을 객관적이고 솔직하게 이야기했어. 출산 전까지만 같이하고 업무를 진행하며 돌발 상황에 대비해 인수인계 파일을 작성했지.

출산휴가 계획도 구체적으로 세웠어. 우리나라는 근로기준법으로 임신 중인 여성에게 90일(다태아의 경우 120일)의 출산전후휴가를 보장하고 있어. 출산 '전후' 휴가인 만큼 출산 전 또는 후에 사용할 수 있는데 출산 후 최소 45일(다태아의 경우 60일)을 연속해 써야 하지. 즉 출산전후휴가를 가장 빨리 쓴다면 예정일로부터 44일 전부터, 가장 늦게 쓴다면 출산 당일부터 쓸 수 있어.

나는 임신하고 농담 반 진담 반으로 출산하기 전날까지 출근할 거라고 했어. 아기가 태어난 뒤 하루라도 더 직접 돌보다가 회사에 복귀하고 싶은 마음이 컸고 주변에서도 초산의 경우 출산예정일보다 늦게 아기가 태어나는 경우가 대부분이라고 했거든.

그런데 제일병원 연구팀의 연구 결과, 우리나라 산모 중 38퍼센트는 예정일보다 일주일 앞서 출산했대. 예정일에 출산한 경우는 5퍼센트에 불과했고 일주일 정도 늦은 경우는 25퍼센트였다더라. 초산과 경산이 다르지 않을까 싶었는데 두 경우의 출산일은 평균 1.4일밖

알아두기

출산전후휴가 제도

근로기준법 제74조에 의하면, 임신 중인 여성은
출신 진과 출산 후를 통하여 90일(다태아의 경우 120일)의 휴가를
사용할 수 있다. 휴가 기간의 배정은 출산 후 45일(다태아의 경우 60일)
이상이 확보되어야 한다.
출산일이 예정보다 늦어져서 출산 후 휴가 기간이
45일(다태아의 경우 60일) 미만일 때에는 추가로 휴가를 받을 수 있다.

배우자의 출산휴가 제도

2019년 10월부터 배우자의 출산휴가 제도가 최대 유급 10일로
확대되었다. 출산일을 기준으로 90일 이내에, 1회 분할 사용이 가능하다.

출산전후휴가 급여

출산전후휴가 급여는 고용보험 사이트에서 모의 계산을 해볼 수 있다.

에 차이가 나지 않았어. 그래서 우리 부부는 출산예정일 일주일 전부터 출산휴가를 쓰기로 했어.

첫째 때는 출산휴가를 언제 쓸까만 고민했는데 둘째 때는 남편

의 출산휴가를 두고 고민을 더 많이 했어. 내가 아이를 낳을 때만 해도 배우자의 출산휴가는 5일(유급 3일+무급 2일)이 전부였거든. 아이가 태어난 날 남편은 출산휴가를 썼고, 나는 병원에 2박 3일간 입원했다가 퇴원했으니 퇴원하고 산후조리원으로 옮긴 다음날 남편은 다시 출근했어.

나는 산후조리원에 있었으니 남편의 부재가 크게 불편하지 않았지만 '아빠의 부재'는 영향이 컸던 것 같아. 미국 노트르담 대학교 연구진이 남성 298명을 대상으로, 자녀가 태어나고 이틀간 남성성을 대표하는 호르몬인 테스토스테론 수치를 측정한 적이 있어. 출산 직후에 아기를 안고 있던 남성들의 타액 샘플로 수치를 측정했고 4개월 후 후속 조사를 했지. 연구 결과, 출산 직후 아기를 안고 접촉한 남성의 경우 테스토스테론 수치가 감소했어. 아기와 접촉한 시간과 횟수가 많을수록 호르몬 수치 변화가 컸고 장기적으로는 아빠가 육아에 얼마나 참여하는지에 영향을 줬지.

남편에게도 아빠로서 첫 시작이 중요하다는 뜻이야. 출산휴가 5일로 끝낼 일이 아니라는 거지. 이 사실을 알고는 둘째를 임신했을 때 남편의 휴가를 아껴뒀어. 법적으로 보장된 출산휴가를 5일 쓰고 이어서 유급휴가를 5일 붙여 열흘간 같이 있었지. 두고두고 잘했다고 생각하는 일이야.

남편이 아빠로 성장하는 데도 도움이 됐고, 신생아를 돌보는 게 얼마나 고된 일인지를 체감하는 데도 도움이 됐어. 그리고 무엇보다 남편이 육아에 적극적으로 참여하는 계기가 됐지. 언젠가 남편이 그랬거든. "둘째를 돌보며 허둥대는 당신을 보고 있으니 엄마라고 처음부터 능수능란하게 아기를 돌보는 게 아니라는 걸 알았어. 허둥대고 실수해가며 조금씩 성장한 거였구나 싶었지. 나는 당신이 있으니 육아에서 한발 빼고 있었던 게 사실이거든. 아빠로 성장하려면 부족하더라도 뭐든 적극적으로 해보는 게 중요하겠더라. 이제부터라도 노력할게." 다른 부부들도 비슷한 경험과 아쉬움이 있었나봐. 2019년 10월부터는 배우자 출산휴가가 유급 10일로 확대되었으니 말이야.

임신
9개월

현명하게
아이 맞이하기

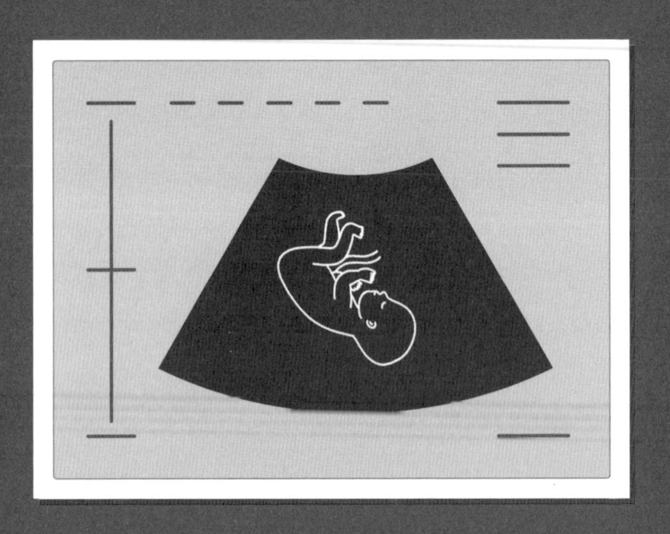

임신 9개월
32 ~ 35주

태아의 변화

32주
자궁을 꽉 채울 정도로 성장한다.
엄지손가락을 빨 수 있게 된다.

33주
피부 밑의 지방이 축적되면서 붉은기가 옅어진다.
지방층이 생기며 주름이 펴진다.

34주
아기 피부를 보호해주는 태지가 더 두꺼워진다.
손톱이 자란다.

35주
이제 키는 거의 자라지 않지만
체중은 빠르게 증가한다.

엄마의 변화

숨이 차고 분비물이 많아진다. 가슴 통증이 나타나고 피부가 늘어나 가슴과 배가 가렵다. 잠드는 것이 불편해 밤에 자주 깨고 요통, 골반통, 치골통이 올 수 있다. 혈액량이 증가해 땀을 잘 흘리고 요실금이 생긴다.

함께 신경 써야 할 점

살이 많이 틀 수 있으니 튼살크림을 꾸준히 발라준다. 임신이 끝나기를 바라는 열망과 분만에 대한 불안이 커지니 마음 관리가 중요하다. 분만할 때 필요한 준비물을 체크해보고 병원에 갈 때 가져갈 가방을 미리 챙겨놓는다.

임신 추억 남기기

남편은 기념사진을 남기는 걸 즐겨. 반면 나는 기념할 일은 눈과 마음에 담아두는 게 최고라고 생각하지. 결혼식을 앞두고 웨딩촬영을 하느냐 마느냐로 3박 4일 동안 씨름했으니 말 다 했지. 생애 한 번뿐인 결혼이니 두고두고 보고 싶다는 남편의 말에 속으로 '그래, 한 번뿐이니 하자'고 생각하며 찍기로 했어. 그런데 어느 날 남편이 "만삭사진은 어디서 찍을까?" 묻는 거야.

물론 나도 둥그렇게 나온 배는 사진으로 남겨두고 싶었지만 전신거울에 비친 내 모습을 보면 그런 생각이 쏙 들어갔어. 매일 생애 최고 체중을 갱신하고, 손과 발은 수영장에 몇 시간은 있다 나온 사람처럼 퉁퉁 부어 있는 모습이 썩 아름답진 않았거든. 거울을 보며 '아, 예쁘다'보다는 '아기가 태어나면 예전의 몸으로 돌아갈 수 있겠지?'라는 걱정부터 들었는데 사진을 찍고 싶을 리가 없잖아. 그런 이유로 남편에게 만삭사진을 찍고 싶지 않다고 했어.

남편은 잠깐 생각에 잠기더니 "임신 전에는 임신 전의 모습대로 예뻤고, 지금은 지금대로 예쁘다"고 하더라. 괜히 위로하지 말라고 했더니 진심이래. 그리고 "예뻐서 찍는다기보다 다시 돌아오지 않을 이 순간을 기념하기 위해 찍고 싶다"고 덧붙이는 거야. 아이가 자라 온 식구가 둘러앉아 함께 사진을 보는 상상을 해봤어. "엄마 배 속에 있는 아이가 나야?" 물을 것 같았지. 아이가 "우리 엄마 나 임신했을 때 이랬구나" 하고 사진을 빤히 바라보고 있으면 흐뭇할 것 같더라. 마음을 돌려 만삭사진을 찍기로 했어.

실천하기

임신 추억을 사진으로 남기기

만삭 사진을 꼭 스튜디오에서 찍어야 할까?
셀프 촬영으로도 충분히 좋은 사진이 나올 수 있다.
지금 이 순간을 기념해보자.

마침 임신 9개월은 '후기 입덧' 증상도 사라지는 시기이자 막달을 앞두고 아기의 체중이 부쩍 늘기 전이라 사진 찍기 좋았어. 만삭 사진을 찍는 김에 우리집 사진도 많이 찍어두기로 했지. 결혼을 준비하며 집을 계약하고 벽지부터 바닥 자재, 가구, 소품들까지 하나하나 우리 둘이 고민하며 고르고 꾸몄으니까. 아기용품을 들여놓으면 지금과는 다른 분위기가 날 테니 우리의 신혼 시절을 기념할 겸 사진으로 남겨뒀어.

거실, 서재, 안방 사진을 찍으며 잘 쓰지 않았는데 눈에 보이는 곳에 놓인 물건을 종이에 적어봤어. 아기용품을 들이기 전에 집을 가급적 비워야 정리하는 데 도움이 될 것 같아서 말이야.

일단 집에서 운동하겠다고 샀지만 옷걸이가 되어버린 실내자전거, 아침에 건강한 주스로 하루를 시작하려고 샀지만 손님이 왔을 때만 쓰는 착즙기 등 목록이 생각보다 길어지더라. 일주일에 한 번 정도 쓸 것 같은데 손 닿는 곳에 있는 것들은 선반을 사서 선반 상단으로 옮겼고, 한 달에 한 번 쓸까 말까 하는 것들은 서재 한쪽 구석으로 옮겼어. 자연스럽게 아기용품을 둘 공간이 마련됐지.

점검하기

물건 정리하기

각 공간에서 한 달 정도 사용하지 않은 물건들을 적은 후
하나씩 정리해보자.

거실	주방
• 옷걸이가 된 실내자전거 • •	• 손님 왔을 때만 쓰는 착즙기 • •
안방	**옷장**
• 꽤 오래전부터 쌓아둔 책들 • •	• 장신구가 달려 있거나 소재가 거친 옷 • •

옷장도 정리했어. 아기를 돌보려면 편한 옷도 중요하지만 옷의 소재도 중요하니까. 면 재질에 부드럽고 밝은 색상인 옷은 꺼내고 장신구가 달려 있거나 거친 옷은 당분간 입을 일이 없을 테니 깊숙이 넣어뒀지.

아기용품, 현명하게 마련하는 법

임신하고는 아기를 볼 수 있는 정기검진일이 기다려졌는데 32주차 정기검진은 더! 아주 더! 기다려졌어. 드디어 공식적으로 의사 선생님에게 성별을 물을 수 있었거든. 사실 15주차부터는 외부로 드러난 성기로 남자인지 여자인지 성별을 구분할 수 있어. 그런데 우리나라는 의료법으로 태아의 성 감별 행위를 금지했어. 의료법 제20조에 따르면 태아의 성 감별을 목적으로 임신부를 진찰하거나 검사하면 안 되고 임신 32주 이전에 임신부나 임신부의 가족, 그 밖의 다른 사람이 알게 해서도 안 돼. 그래서 의사 선생님께 물을 수는 없는데 궁금하긴 해서 초음파 사진이나 영상을 보면서 성별을 짐작했거든. 초음파 영상 중 다리 사이가 찍힌 부분을 캡처해서 보고 있으니 선생님이 말씀해주시지 않아도 알겠더라. 그래도 틀릴 수 있으니 32주차 검진에서 확실히 물어봤지.

아기 성별을 확실히 알았으니 본격적으로 아기용품을 준비하기로 했어. 남자이니 파랑, 여자이니 분홍 식으로 용품을 골랐다는 건 아니야. 오히려 적극적으로 다양하게 골랐어.

우리 첫째는 남자아이야. 주변에서 주로 파란색 배냇저고리를 선물해주시더라. 그래서 우리가 직접 살 때는 파란색을 빼고 분홍색, 노란색, 초록색, 보라색 등 골고루 샀지. '남자는 파랑' 공식도 고정관념이지만 역으로 '남자는 분홍'도 고정관념을 의식한 선택이니까. 부모로서 우리가 보여줄 수 있는 다양한 색을 보여주기로 했지.

아기가 쓸 용품만을 이야기하는 건 아니야. 보통 기저귀 가방이

나 아기띠를 살 때 아내가 고르는 경우가 많거든? 그런데 막상 아기가 태어나서 외출하면, 한 사람이 아기띠를 메면 다른 사람이 기저귀 가방을 들고, 한 사람이 기저귀 가방을 들면 다른 사람이 아기띠를 메지.

그런데 기저귀 가방에 꽃무늬가 가득하면 들기 꺼려하는 아빠들이 있어. 들더라도 기꺼이 들진 않지. 꼭 남편만의 잘못은 아니야. 같이 쓸 물건이니 처음 고를 때부터 같이 고르면 더 좋지 않을까 하는 이야기야.

나 같은 경우는 아기띠를 양복 위에도 할 수 있는 디자인으로 샀어. 남편 퇴근길에 마중 나가면 남편이 아기띠를 넘겨받을 테니까. 아기가 태어난 뒤 남편 퇴근 시간에 맞춰 마중을 나가면 남편이 양복 위에 아기띠를 하고 셋이 산책하곤 했거든. 그 모습이 어찌나 섹시하던지. 진짜 멋졌어.

아기용품을 장만하다보니 점점 출산이 실감나. 기대되는 동시에 겁도 나더라. 부모가 되는 것에 대한 겁이 아니라 분만에 대한 겁 말이야. '태어나 처음으로 겪은 고통이고 다시는 겪지 못할 고통'이라는 둥 '하늘이 세 번 노래져야 아기가 태어난다'는 둥 들으면 들을수록 겁이 더 났지.

그래서 베이비샤워를 하기로 했어! 선물을 받는 베이비샤워가 아닌 조언을 받는 베이비샤워. 아기를 낳으면 당분간 만나지 못할 친한 지인들을 초대해 식사 자리를 마련했어. 선물 대신 분만할 때 도움이 됐던 것 하나씩을 이야기해달라고 했어. 자연분만을 했던 한 지인은 진통 중에 물을 마시지 못하게 해서 목이 말랐는데 남편이 거

점검하기

아기용품 체크리스트

	품목	수량	설명	필요도	체크
옷·기저귀	배냇 저고리	3~4	맨살 위에 입히는 기본 속옷. 땀 흡수가 잘되는 순면 소재로 구매하는 게 좋다.	○	
	기저귀	2팩	천 기저귀를 이용할지 종이 기저귀를 이용할지 고민해보자.	○	
	가제 수건	30~50	의외로 많이 사용하게 되니 적어도 30장은 준비하자.	○	
	손싸개	1	손을 허우적거리다가 손톱으로 얼굴에 상처낼 수 있다. 이럴 땐 손싸개가 있으면 좋다.	△	
침구류	방수요 (방수 커버)	2	소변이 샜을 때 매트에 스며들지 않도록 방수요 혹은 방수커버가 필요하다.	△	
	매트와 이불	1	매트는 너무 푹신하지 않은 것, 이불은 가볍고 보온이 잘 되는 게 좋다.	△	
	짱구 베개	1	머리 모양을 예쁘게 잡아줄 수 있는 짱구 베개가 있으면 좋다.	△	
	좁쌀 베개	1	열이 많은 아이의 열을 식혀줘서 깊이 잠들 수 있게 도와준다.	△	
	속싸개	3~4	아이는 온몸을 감싸주어야 안정감을 느끼는데 이때 속싸개를 활용한다.	○	
	겉싸개	1	외출 시 아이를 감싸는 보온용으로 하나 있으면 좋다. 이불 대용으로 이용할 수도 있다.	△	

케어 용품	아기 욕조	1	신생아 때는 아이 전용 욕조가 필요하다. 목욕 그네가 있으면 혼자서도 목욕시킬 수 있다.	△	
	로션, 비누	1	피부 자극이 없고 향이 강하지 않은 아기 전용 제품으로 준비하자.	○	
	면봉	1	목욕 후 코나 귀의 물기를 제거할 때 필요하다.	△	
	체온계	1	아이의 체온을 체크할 수 있어 필수품이다.	○	
	손톱 가위	1	신생아는 손톱을 자주 잘라주지 않으면 얼굴을 긁어 상처를 낼 수 있어 안전한 아기용 손톱 가위가 필요하다.	○	
	물티슈	2	아이가 변을 보거나 먹은 것을 게웠을 때 바로 사용할 수 있다. 특히 외출 시 유용하다.	○	

○ = 반드시 필요한 물품, △ = 있으면 좋은 물품

즈에 물을 묻혀 입술에 올려줘 도움이 됐다는 이야기를 해줬어. 다른 지인은 진통할 때 아이를 낳아 품에 안은 상상을 했다고 했어.

조언을 들으니 조금씩 준비가 되는 것 같았어. 마지막으로 한 지인의 "분만은 결국에는 끝나. 해낸다는 이야기야. 그러니 결국 해낼 너와 아이를 생각해"라는 말에 용기가 샘솟았지. 조언만으로도 충분히 감사했는데 선물도 준비하고 싶다고 하시더라. 그래서 아이들이 쓰던 물건을 물려달라고 했어. 나보다 먼저 부모가 된 분들이 많았거든.

모두 건강하게 아이를 키우고 있으니 그 기운까지 담아주시면 소중히 쓰겠다고 했더니 좋아하시더라. 우리가 필요한 목록을 작성

알아두기

물려받거나 대여하기 좋은 육아용품

신생아용 카시트	신생아 전용 카시트는 가격이 비싼데 사용 기간은 짧아 효율적이지 않다. 물려받거나 대여한 후 절충형을 구매하는 게 좋다.
디럭스 유모차	디럭스 유모차도 가격이 비싸고 사용 기간이 짧아 대여나 중고를 구입하는 것도 좋은 방법이다.
모빌	모빌은 의외로 잘 사용하지 않는다. 태교 기간에 셀프로 만들어보는 것도 추천한다.
수유쿠션	수유쿠션은 있고 없고의 차이는 크지만 수유 기간이 짧으면 사용할 일이 없다. 물려받을 수 있다면 물려받는 게 가장 좋다.
바운서, 점퍼루, 보행기	아이를 잠깐 놔두고 다른 일을 할 수 있어서 굉장히 편리하다. 하지만 모두 구매하기에는 사용 기간이 짧아 대여하거나 중고로 구입하는 것도 좋은 방법이다.

하고 그 자리에 오신 분들께 드렸어. 각자 주실 수 있는 물건에 체크하셨고, 우리가 적지 않았지만 써보니 도움이 된다며 항목을 추가해주시기도 했어.

아기 잠자리를 마련하고, 모빌과 배냇저고리, 가제수건, 기저귀 등만 들여놨는데도 집안 분위기가 확 달라졌어. 아기용품이 하나둘 늘어갈 때마다 집안 분위기는 그만큼 더 달라졌지. 그러다 어느 날 남편이 이제 시선을 두는 곳마다 아기용품이 보인다며 우리집이 아기 집으로 바뀐 것 같다고 하더라.

알아두기

육아용품 대여 업체 리스트

보건소	지역마다 다르지만 보건소에서 육아용품을 무료로 대여해 준다. 지역별 보건소에 확인이 필요하다.
육아종합지원센터	지역에 육아종합지원센터가 있다면 2만 원 정도의 연회비를 내고 센터 내에 있는 장난감 도서관에서 장난감을 무료로 대여할 수 있다.
묘미 www.myomee.com	육아용품은 물론 운동용품, 가전제품 등 라이프 스타일 관련 제품들을 대여할 수 있다.
당근마켓 (애플리케이션)	지역별 중고장터를 통해 저렴한 가격에 필요한 물건을 구할 수 있다.

아기가 태어나니 당연한 줄 알았는데 여전히 '우리집'이기도 하잖아. 아기용품이 늘어갈수록 '나만의 공간'을 사수하기로 했지. 결혼하고 남편과 같이 살면서 힘든 점이었거든. 모든 곳을 공용의 공간으로 인테리어를 했더니 가끔 혼자 있고 싶을 때 숨을 공간이 없는 거야.

그래서 침대 옆에 작은 서가를 마련하고 내 책으로만 채웠어. 나는 침대에 기대어 책 읽는 걸 좋아하거든. 그리고 서가 한 칸을 비워 남편이 아끼는 게임 CD를 전시해뒀지. 남편은 주말 아침에 눈을 뜨면 게임을 하니까.

아기가 태어나면 늘 아기와 함께 있을 거야. 더욱 내 공간을 만들어야겠다는 생각이 들더라. 그래서 서가는 아기용품 금지구역으

실천하기

내 공간 만들기

아기용품 금지구역! 쉴 수 있는 나만의 공간을 따로 확보해보자.

- 침대 옆 작은 서가
-
-

로 만들었어. 아기가 태어나고 변비에 걸렸다는 부모들이 많아. 진짜 변비에 걸리는 게 아니라 나 혼자만의 공간에서 혼자 있고 싶은데 집안에서는 그런 공간이 없으니 괜히 화장실에 들어가서 오래 머문다는 뜻이야. 부모가 되고 들은 유머인데 마냥 유머로 들리진 않더라. 서글프고 웃펐지. 아기가 태어나고 변비에 걸리지 않으려면 지금 '내 공간'을 만들어봐.

가족분만? 무통주사? 미리 고민하기

출근하려는데 남편이 갑자기 내 가방에 산모수첩을 넣었어. 정기검진일도 아닌데 왜 수첩을 넣느냐고 했더니 갑작스럽게 병원에 가야 할 일이 생길지도 모르니 아예 넣고 다니라고 하는 거야. 막달이 다가오니 출산이 실감나는 동시에 불안해 하루종일 손에서 휴대전화를 놓을 수가 없다면서 말이야.

나는 내 몸에서 일어나는 변화이니 덤덤했는데 오히려 지켜보는 남편은 불안했나봐. 나는 '내가 아이를 잘 낳을 수 있을까?'가 가장 불안했다면 남편 입장에서는 '내가 없을 때 진통이 시작되면 어떻게 하지?'가 가장 걱정이었다고 하더라. 남편은 언제 운전하게 될지 모르니 회식에서도 술을 마시지 않고 사적인 모임은 가급적 가지 않으려고 노력했어. 든든했지.

알고 보니 분만 과정에서도 선택해야 할 게 많더라. 자연분만의 경우에는 일반분만을 할지 가족분만을 할지, 일명 무통주사라고 불리는 경막외 마취를 할지 말지, 탯줄을 남편이 자를지 의료진이 자를지 등 말이야. 남편도 나도 진통이 오기 시작하면 정신이 없을 것 같으니 미리 정해놓기로 했어.

먼저 가족분만. 가족분만은 자연분만의 과정과 동일하지만 진통, 분만, 회복까지 전 과정을 가족분만실이라는 한 공간에서 진행한다는 점이 달라. 일반적인 자연분만은 진통을 하다가 분만이 시작되면 분만실로 이동하거든. 남편이나 가족은 진통할 때는 같이 있지만 분만실로는 산모만 가는 거지. 반면 가족분만은 전 과정을 가족분만실에서 진행하니 분만 과정에 남편이 함께 있을 수 있어. 나는 가족분만을 하고 싶었어. 진통은 태어나 처음 겪는 고통이라는데 혼자 감당하려니 두려웠거든. 마라톤에도 페이스메이커가 있는 것처럼 남편이 옆에서 힘이 되어준다면 덜 두려울 것 같았지. 그리고 우리 아이니까. 아이가 태어나는 순간을 부모인 나와 남편이 같이 맞아주고 싶었어.

남편은 망설였어. 나에게 힘이 되고는 싶지만, 가족분만을 하며 분만의 전 과정을 볼 자신이 없다더라. 임신하기 전 분만 과정을 다룬 다큐멘터리를 같이 본 적이 있는데 남편은 나보다 더 보기 힘들어 했거든. 아기 머리가 나올 때 나는 "드디어 아기가 나온다!" 하며 아이가 태어나는 과정에 집중했지만, 남편은 "아기 머리가 저렇게 큰데 얼마나 아플까?" 하며 내가 겪을 고통이 더 크게 보인다고 했지.

솔직히 말하면 다큐멘터리를 보며 나도 내 몸에서 일어날 일이 경이로운 동시에 충격적이었어. 진통은 함께하더라도 분만은 보이고 싶지 않다는 생각이 들었지. 게다가 남편은 평소 조금만 피를 봐도 자지러지는 사람이거든. 주변에서 가족분만을 한 남편들이 트라우마에 시달리고 부부관계의 어려움으로 이어졌다는 이야기까지 들으니 더 고민스럽더라.

전문가들은 가족분만은 '하고 싶다, 하고 싶지 않다' 식의 단순한 결정이 아니라 충분한 교육을 받고 부부간의 상의를 거쳐 준비해야 할 일이라고 했어. 남편들이 분만 과정을 보고 충격 받는 것은 충분한 교육과 준비가 되지 않았기 때문이라는 거지.

진통과 분만에 대해 자세히 배우고, 그 과정에서 남편의 역할을 알고, 어떻게 도울 것인지 계획하다보면 자연스럽게 결정할 수 있다는 거야. 그리고 우려와 달리 대다수의 산부인과는 가족분만을 하더라도 내진이나 경막외 마취, 아기가 태어나는 순간 등 산모가 노출을 꺼리는 순간에는 남편을 커튼 뒤나 분만실 밖에서 대기하도록 해. 우리 부부는 가족분만을 하되 내가 원하거나 남편이 원할 때 분만실 밖에 잠시 나가 있기로 했어.

알아두기

통증 줄이는 법

- 남편에게 허리나 엉덩이 부위의 마사지를 부탁한다.
- 음악 감상, 게임, 남편과 대화 등 최대한 신경을 분산시킨다.
- 진통이 시작되면 코로 숨을 들이마시고 진통이 최고조에 다다랐을 때 입으로 숨을 내쉬는 방법으로 호흡한다.
- 진통이 심할 때 누운 자세의 위치를 자주 바꿔준다.

최근에는 제왕절개 분만의 경우에도 남편이 참관할 수 있는 병원들이 생기고 있어. 우리나라에서 처음으로 제왕절개 수술에 남편이 참관하는 제도를 도입한 분당차병원에 따르면 도입 이후 진행한 제왕절개 수술 중 절반 이상에 남편들이 참관했대.

무통주사를 맞을지 말지를 두고도 고민이 깊었어. 먼저 아이를 낳은 선배들은 "말 그대로 무통 천국", "무통주사가 아니었으면 아이를 낳지 못했을 것"이라며 꼭 맞으라고 추천하기도 했고 "무통주사를 맞았더니 진통이 더 길어졌다", "무통주사를 맞으면 힘을 제대로 주지 못한다더라"며 말리기도 했거든. 무통주사는 정확히 말하면 척수신경막 사이에 가느다란 관을 넣고 희석한 마취제를 주입해 하반신의 감각 신경을 마취시키는 '경막외 마취' 주사야. 자궁문이 4~5센티미터 열렸을 때 마취를 시도하는데 무통이라고 해서 통증을 아예 없애주는 건 아니고 개인에 따라 5~20퍼센트 통증을 줄여

점검하기

무통주사에 대해 미리 의견을 나누기

무통주사는 진통 중에 보호자가 사인해야 맞을 수 있으니
미리 남편과 이야기해두는 게 좋다.

주는 역할을 한대.

무통주사를 맞으면 진통이 더 길어진다는 속설에 대해 대한산과마취학회는 경막외 마취 후 처음 10~15분은 자궁의 수축이 일시적으로 느려질 수 있지만 30분 내에 정상으로 돌아온다고 밝혔어. 분만 과정이 30분 연장된다고 해도 무통주사로 인한 여러 장점을 생각할 때 큰 문제가 되지 않는다고 해. 또 무통주사가 태아에게 영향을 미치지 않을까 염려스러웠는데 경막외 마취는 척수에 시점적으로 주입되어 혈액에 거의 도달하지 않는대. 소위 말하는 '무통발'이 너무 잘 받아서 출산 직전 힘을 줘야 할 때에도 진통이 느껴지지 않아 힘줄 타이밍을 놓치는 것 아니냐고 걱정하는 산모들도 있는데 의료진이 힘을 주라고 할 때에 맞춰 힘을 주면 되니 그것도 걱정할 필요는 없어.

그래도 제때 힘을 주지 못한다면 경막외 마취를 중단하고 남은 약물은 분만 후 파열된 회음부를 봉합할 때나 통증이 심할 때 쓰면 돼. 우리 부부는 출산 시 무통주사를 맞기로 했어. 무통주사를 맞고 진통을 버텨낼 힘을 아껴서 아기가 태어나는 순간에 쓰기로 했지.

출산 당일 남편의 역할

가족분만을 할지 말지, 무통주사를 맞을지 말지 고민할 때 남편은 "나는 어떻게 도울 수 있지?"를 자주 물었어. 옆에 있어주는 것 말고는 딱히 떠오르는 게 없다면서 말이야.

나도 출산이 처음이니 구체적으로 어떻게 도와달라고 말하기가 어렵더라. 일단 내가 바라는 걸 떠올려봤어. 많이 긴장할 것 같고 겁이 날 것 같아. 정신도 없겠지. 그러니 남편이 차분히 내 곁을 지켜주면 좋겠어. 잘하고 있다고 격려해주며 이미 많이 지나왔고 조금 더 힘내면 우리 아이를 품에 안을 것임을 알려주면 좋겠어.

전문가들도 비슷한 이야기를 해. 미국에서만 1,700만 부가 판매된 《첫 임신 출산에 관한 모든 것》의 저자인 하이디 머코프Heidi Murkoff는 진통 초기에 보호자가 해야 할 가장 중요한 임무는 "임신부를 안정시키는 것"이라고 했어. 그러려면 보호자 자신이 먼저 긴장을 완화해야 하지. 실제로 내가 첫째를 출산할 때 새벽에 양수가 터져 급히 병원에 가야 했거든. 나도, 남편도 당황했지. 운전면허를 딴 뒤로 한 번도 사고를 내거나 교통신호를 위반한 적 없는 사람이 그날은 주차장을 빠져나오며 벽을 긁더라. 보호자가 긴장될 때는 심호흡하거나 스트레칭을 해서 먼저 진정한 다음 아내를 돌볼 여유를 찾아야 해.

머코프는 본격적인 진통이 시작되기 전까지 아내의 관심을 진통이 아닌 다른 곳으로 돌릴 수 있는 활동을 찾아보라고 조언했어. 같이 비디오게임을 하거나 깔깔 웃을 수 있는 영화를 보거나 재미 있는 책을 사뒀다가 읽어주는 등 아내의 마음이 가벼워지게 도우라는 거지.

진통이 시작되기 전까지 아내의 긴장을 풀어주는 데 집중했다면, 진통이 시작된 뒤엔 아내의 요구사항에 민감하게 반응하는 게 좋아. TV를 잘 보다가도 소리가 금세 거슬려질 수도 있고 이불을 덮어달라고 했다가 30초도 지나지 않아 치워달라고 할 수도 있거든.

또 진통하는 동안은 아내가 호흡을 잘 유지할 수 있게 리드해주고 진통이 사그라지면 또 한 번 해냈다고, 잘했다고 격려하며 긴장을 풀어주는 것이 중요해. 하나 신경 써야 할 것은 아내가 호흡운동을 불편해하는 기색이면 억지로 강요하지 마. 지금은 진통의 고통을 덜어내는 게 목적이니 도움이 되는 다른 활동을 같이하는 게 좋아. 아내가 더워하는 경우도 많아. 차가운 수건을 목덜미에 대주거나 몸이나 얼굴을 닦아주는 것도 도움이 돼.

경험해보니 출산이 임박할수록 주변에서 뭐라고 하는지 들리지 않아. "조금만 더 힘내"라는 말을 들으면 "지금도 최대치를 끌어내고 있거든!", "거의 다 끝났어"라는 말에는 "네가 어떻게 알아!" 식으로 어떤 말을 들어도 신경에 거슬리더라. 진통이 한창일 때는 내 손을 꼭 잡아주고, 잠깐 숨을 돌릴 때는 지그시 바라보는 남편의 눈빛이 가장 큰 힘이 됐어.

첫째를 낳을 때는 남편이 나에게 무얼 해줄 수 있는지 생각했어. 그런데 둘째를 출산할 때쯤에 남편을 위해 무얼 할 수 있을까 고민되더라. 나 같은 경우는 양수가 터지고 아이가 태어나기까지 30시간이 걸렸는데 병원에 입원한 순간부터 아무것도 먹지 못했거든.

실천하기

출산 시 남편의 역할

아내의 상태를 보고 어떻게 도와줄지 고민해야 한다. 우선 원하는 건 무엇이든 해주는 게 좋다. 하지만 원하는 게 수시로 바뀔 수 있다는 점을 꼭 기억해야 한다. 주물러달라고 했다가 갑자기 주무르지 말라며 화를 낼 수도 있다. 예민할 수밖에 없는 아내의 상황을 고려하면서 스트레스를 주지 않는 게 중요하다.

남편이 해주면 좋은 것들

1. 편안히 쉴 수 있는 환경을 만들어주기
2. 아내를 안심시키고 격려해주기
3. 마사지, 음악 등으로 아내의 긴장을 풀어주기
4. 아내의 요구사항에 민감하게 반응하기
5. 분만실에는 아내에게 편한 사람만 남기기

내가 먹지 못하니 남편도 먹지 못했어. 나는 자연분만 중 분만이 잘 진행되지 않아 제왕절개를 하게 될 상황에 대비해 금식하는 거지만 남편까지 금식할 필요는 없잖아. 남편이 컨디션을 잘 유지해야 나를 더 잘 살필 수 있고. 그래서 냄새가 나지 않고, 간단하지만 든든하게 먹을 수 있는 음식을 몇 가지 준비했어. 남편이 좋아하는 떡과 건과일, 우유 등을 준비해 출산 가방에 넣었지. 고마워하더라.

알아두기

출산을 앞두고 남편이 해야 할 일 체크리스트

	내용	체크
1	분만 과정에 대해 미리 지식을 쌓는다. (마사지, 음악 등 분만 과정에 도움을 줄 수 있는 방법을 고민해본다.)	
2	아내가 분만할 병원을 미리 둘러본다. (출입구, 야간출입구, 주차장, 응급실 입구, 접수처 등)	
3	병원 가는 길을 익혀두고, 수시로 자동차에 기름을 넉넉하게 채워둔다.	
4	배 속에 있는 아이가 둘째라면, 출산 시 첫째 아이를 누구에게 어떻게 맡길지 계획을 세운다. (병원에 있는 동안 아이를 봐줄 수 있는 사람에게 미리 부탁해두고 연락처를 체크한다.)	

임신이라는 마라톤의 결승선에서

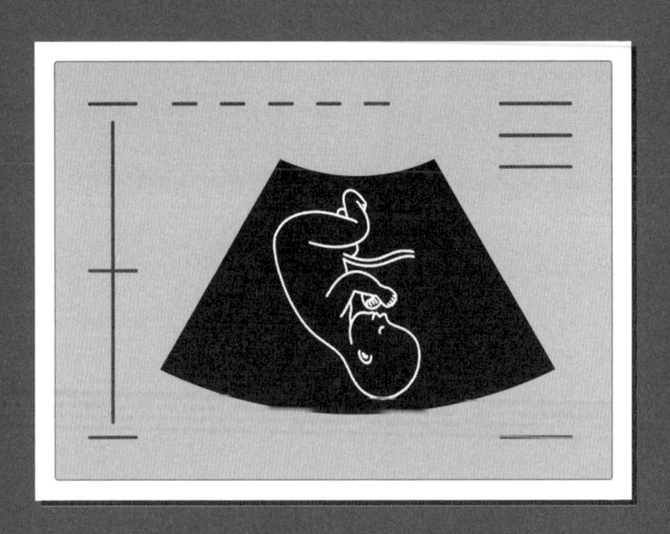

임신 10개월
36 ~ 39주

태아의 변화

36주
태아의 얼굴이 토실토실해진다.

37주
눈을 돌릴 수 있고 엄마 젖을 빨기 위한 연습으로 엄지손가락을 자주 빤다.

38주
뇌와 신경계가 계속 발달한다. 몸무게가 3kg, 키가 50cm 내외를 기록하면 언제 태어나도 괜찮다.

39주
태지가 거의 사라지고 두뇌 부분이 빠르게 성장한다.

※ 40주 예정일

엄마의 변화

자궁경부가 얇아지고 벌어져서 출산할 준비가 된다. 수축이 더 잦아지고 강해진다. 잠을 자기 힘들고 요통이 심해진다. 복부가 가렵고 출산 전 증후군으로 지나치게 피로하거나 힘이 넘치는 상태가 번갈아 나타난다.

함께 신경 써야 할 점

흥분과 불안감이 커지고 걱정이 많아진다. 초조해하며 짜증을 잘 내고 지나치게 예민해지기 때문에 마음 관리가 중요하다. 남편은 휴대폰을 가까이에 두고 분만에 대비한다. 퇴원할 때 필요한 준비물을 미리 마련해두는 게 좋다.

수면양말이랑…

결승선을 무사히 통과하려면

우와, 드디어 마지막 달이네. 정말 수고했어. 내가 임신 10개월이었을 때 자주 들은 말 중 하나가 "벌써 10개월이야? 시간 빠르다"였거든. 그런데 나에게는 '벌써 10개월'보다는 '드디어 10개월'이었어. 신경 쓸 것도 많고, 불안하기도 하고, 변해가는 내 모습이 낯설어서 하루하루가 더디게 흘렀거든.

'이번 달에는 어떤 변화가 있지?', '지금 이 증상이 정상인가?' 등 내 몸이 보내는 신호에 이렇게 민감하게 반응하며 지낸 적이 있었나 싶었지. 그러다보니 10개월차에는 임신이라는 마라톤의 결승선을 향해 달려가는 기분이더라. 결승선이 보여서 힘이 났지.

정기검진에서 의사 선생님도 "그동안 수고했다"고 하시며 "임신 37주부터는 아기가 언제 태어나도 혼자 숨을 쉬며 체온을 유지할 수 있는 '정산기'이니 느긋하게 아기가 보내는 출산 신호를 기다려라" 하시더라.

그렇다고 배 속 아기의 성장이 멈추는 건 아니야. 배 속 아기는 스스로 면역항체를 만들지 못해. 태반을 통해 엄마의 면역항체를 전달받지. 10개월에는 면역성분을 공급받는 등 기능적인 성장을 해. 그리고 성장을 완벽하게 마치면 배 속 아기의 부신에서 코티솔이라는 호르몬이 분비돼. 코티솔이 분비되면 자궁경부가 부드러워지기 시작하고 골반이 이완되거든. 아기가 태어날 준비가 됐다는 신호를 보내면 엄마의 몸은 아기를 세상에 내보낼 준비를 하는 거지.

점검하기

2주간 집을 비울 때 가장 걱정되는 부분은?
어떻게 해결할지 함께 의논해보자.

- 공과금 내야 하는 날짜는?
-
-

출산 신호를 기다리는 동시에 마지막 점검도 잊지 말아야 해. 우선 집안을 한번 둘러봐. 출산 후 산후조리원에 갈 계획이라면 최소 2주는 집을 비우게 되잖아. 나는 집에 없지만 남편은 집에서 생활하게 될 테니 평소에 내가 챙기던 것들이 삐걱거리지 않게 점검을 해두는 게 좋아. 출산 직후에는 나도 정신이 없지만 남편도 정신이 없거든.

나는 미역국, 된장국 등 남편이 좋아하는 국을 끓여서 한끼 분량으로 소분해 냉동해놨어. 밥도 마찬가지고. 내가 산후조리원과 친정에서 조리하는 동안 남편은 냉동해둔 밥과 국으로 아침을 배불리 먹고 출근했어. 사실 남편 모르게 해둔 거였거든. 남편은 막달이라서 몸도 힘들고 피곤했을 텐데 언제 준비했느냐고 놀라더니, 내가 친정에서 돌아왔을 때는 나를 위해 냉동실에 미역국과 밥을 얼려놨더라. 재밌었던 건 나는 미역국과 밥을 따로 냉동해놨는데 남편은 미역국에 밥을 말아서 냉동해놨다는 거야. 내가 냉동시킨 걸 해동해 먹어봤더니 냄비에 넣고 같이 끓이면 되는데 굳이 따로 얼릴 필요가 없더래. 남편의 효율성에 감탄했지.

미용실에도 갔어. 임신 전에 나는 단발머리였거든. 매일 아침 머리를 감고 드라이하고 출근했지. 임신 소식을 전하자 한 선배가 임신 기간에는 머리를 자르지 말고 길러서 파마하는 게 도움이 될 거라고 했어. 아무래도 출산 후에는 머리를 감기 힘든 날도 있고 드라이는 엄두를 내지 못하게 되더라는 거였지. 머리를 못 감았을 때에 대비해 하나로 묶을 정도의 길이가 편하고, 파마하면 머리를 감은 다음 드라이하지 않아도 되니 편하더래.

임신 중에는 에스트로겐 등 여성호르몬 수치가 증가해 머리카락이 평소보다 덜 빠지다가 출산 후 호르몬 분비가 정상으로 돌아오면 그동안 빠지지 않았던 머리카락이 한꺼번에 빠지는 '산후 탈모'가 생기거든. 선배는 이 시기에 거울을 볼 때마다 속상했는데 파마를 하니 아무래도 생머리보다 풍성해보여 덜 속상했다고 했어.

하나 더. 임신 5개월부터 철분제를 먹었잖아. 마지막 달이라고 소홀해지기 쉬운데 마지막 달이니 더 잘 챙겨야 해. 분만 과정에서 출혈이 많으니 출산 후 3개월까지는 철분제를 먹는 게 좋아.

마지막으로 소아과도 미리 정해두자. 소아과를 고르는 기준은 평소에 병원을 고르던 기준과 조금은 달라. 일단 건강보험심사평가원 홈페이지에 접속하면 지역별로 병원을 검색할 수 있어. 집 근처의 병원부터 찾아봐. 아기는 면역력이 약하니 수시로 아픈 데다

점검하기

소아과 고르는 방법

1. 집과 거리가 가까운 곳이 좋다.
2. 차를 이용한다면 주차 공간이 충분한지 확인하자.
3. 항생제 처방률을 살펴보자.
4. 의사 선생님의 친절함도 중요하다.
5. 예약이 되는지도 체크하자.
6. 주말·야간 진료를 하는지도 확인하자.

예방접종, 영유아검진 등 병원에 갈 일이 많거든. 병원이 집에서 멀면 부모도 힘들지만 아기도 힘들어. 그러니 일단 가까운 병원으로 후보를 추려봐. 또 항생제 처방률도 살펴봐야 해. 마찬가지로 건강보험심사평가원 홈페이지에서 볼 수 있어. 항생제 처방률은 감기 환자에게 항생제를 얼마나 처방했는지 지표화한 것인데 사실 감기는 항생제를 복용해도 빨리 낫거나 증상이 급격히 좋아지지 않잖아. 항생제는 내성이 생길 수 있으니 과잉진료를 하지 않는 곳이 좋겠지.

그리고 주말이나 야간 진료를 하는 곳이면 더 좋아. 낮에는 괜찮았는데 밤에 갑자기 증상이 시작되는 경우도 있거든. 아기와 외출할 때는 자가용을 이용할 때가 많으니 주차가 되는지, 예약이 가능한지도 살펴봐. 아무래도 병원이다보니 아픈 아이들이 오는데 대기 시간이 길면 아픈 아이들 사이에 같이 있어야 하잖아. 예약이 된다면 예약을 하고 시간에 맞춰 방문하면 되니 아무래도 안심이지.

또 중요한 것은 의사 선생님의 친절함. 아이가 아플 때만큼 부모가 초조할 때도 없어. 왜 아픈지, 빨리 나을 방법이 있는지, 다시 아프지 않으려면 어떻게 해야 하는지 등 궁금한 것도 많아. 그런데 의사 선생님이 무뚝뚝하고 질문에도 성의 없이 대답한다면 더 초조하고 불안하거든.

출산 신호, 미리 알아두기

첫째는 설 연휴가 얼마 지나지 않아서 태어났어. 그래서 임신 막달에 친척 어르신들을 만나 뵈었지. 내 배를 보시더니 "곧 나오겠다" 하시더라. 어떻게 아시냐고 여쭸더니 배 모양을 보면 알 수 있대. 아기가 나올 때가 되면 배가 축 처진다는 거야. 맞아. 거울로 옆모습을 보면 축 처진 게 내 눈에도 보였어. 심지어 남편은 "배꼽이 아래로 순간이동한 것 같아!"라고 했지.

어느 날부터는 질 분비물도 늘어나더라. 질염에 걸렸나 싶었는데 알고 보니 자궁 입구를 막고 있던 두꺼운 점액성 마개가 사라지면서 자궁 입구가 조금씩 열리기 때문에 그런 거래. 아기가 나오는 산도를 부드럽게 해주는 역할도 하고 말이야. 언제 진통이 시작될지 모르니 출산 신호를 알아두기로 했어.

알아두기

진진통 vs 가진통

진진통	가진통
규칙적이며 주기가 점차 짧아지고, 강도도 점점 강해진다. 이슬이 비치는 경우가 많다.	불규칙적이며 강도가 세졌다가 약해졌다를 반복한다. 이슬이 비치지는 않고 주로 하복부 쪽에 진통이 많이 온다.

우선 흔히 가진통이라고 부르는 브랙스톤 힉스 수축Braxton-Hiclx's contraction. 출산이 다가오면 점점 잦아져. 자궁이 출산을 대비해 수축 연습을 해서 허리가 아프고 아랫배가 단단해지며 약한 통증이 느껴지는 거야. 통증이 왔다가 사라지길 반복하니 임신부 입장에서는 이게 가진통인지, 진진통인지 구분하기가 어려워. 지인 중에 가진통을 진진통으로 착각해 병원에 갔다가 집으로 돌아온 경우도 있다니까.

임신도 출산도 처음이니 헷갈릴 수밖에. 그러니 알아두자. 가진통은 생리통이나 요통과 비슷한 느낌이야. 통증도 오래 지속되지 않고 자세를 바꾸면 사라지는 경우가 많아. 무엇보다 간격이 불규칙해. 진진통은 아랫배와 함께 허리까지 같이 아파오고 자세를 바꿔도 통증이 사라지지 않아. 간격도 규칙적이지.

혹시 독감에 걸려본 적 있어? 몇 년 전 처음 독감에 걸려서 병원에 갔을 때 의사 선생님이 몸살 기운이 평소에 느끼던 통증인지, 처음 느껴보는 통증인지 물으시더라. 처음 느껴보는 강도라고 했더니

알아두기

진통 주기를 체크할 수 있는 애플리케이션

진통 간격이 일정하고 3회 평균 주기가
10분 이상이면 가진통,
10분 미만이면 입원 준비,
5분 미만이면 진진통으로
애플리케이션으로 진통 주기를 체크해볼 수 있다.

이름	기능
순산해요 (IOS)	불필요한 기능이 없고 오로지 진통 주기만 한눈에 볼 수 있다.
진통 측정기 (안드로이드)	진통 주기뿐 아니라 불안한 마음의 안정을 찾을 수 있게 클래식 음악 듣기가 추가로 들어 있다.
수축 타이머 (안드로이드)	잠금화면과 알림창에서도 측정이 가능한 위젯 기능을 지원한다. 진통이 올 때마다 앱을 켜고 끄는 번거로움이 없다.
진통어플 - 임신 9m (IOS)	전 세계에서 가장 많이 다운로드된 앱이다.

독감일 확률이 높다며 검사를 해보자고 하셨지. 가진통과 진진통도 그런 차이인 것 같아. 생리통과 비슷하다 싶으면 가진통이었고, 처음 느껴보는 통증인데? 싶었을 때 진진통이었어.

이렇게 설명은 하지만 통증은 개인마다 느끼는 정도가 다르니 진진통인지 의심이 될 때는 간격을 체크하는 게 가장 좋아. 진진통은 20~30분 간격으로 10~20초 정도 규칙적인 통증이 찾아오다가

알아두기

이럴 때는 바로 병원으로 가야 한다.

- 태아가 24시간 내내 움직임이 없거나 배가 딱딱해지면서 태동이 멈추면 태아가 위험한 상태일 수 있다.
- 통증은 없는 상태에서 출혈이 있다면 전치태반일 가능성이 높다. 자궁 수축이 동반된 출혈 역시 태반 조기 박리 증상일 수 있다.
- 진통과 이슬이 보이지 않고 양수가 터지면 물로 씻거나 휴지로 닦지 말고 생리대나 산모용 패드 혹은 수건을 대고 곧바로 병원에 간다.

점점 그 간격이 좁아져. 초산은 규칙적인 진통이 10분 이내 간격으로, 경산은 15~20분 간격으로 진통이 올 때 병원에 가면 돼. 규칙적인 진통이 온다고 바로 병원에 갔다가 집으로 돌아오는 경우가 적지 않으니 너무 급하게 생각하지 않는 것이 좋아.

이슬이 비치기도 해. 태아를 감싸고 있는 양막이 벗겨지면서 약간의 출혈이 생기고, 자궁경관의 점액성 대하와 섞여 이슬이 되는 거야. 주로 분홍색 또는 갈색인데, 이슬이 '비친다'고 했잖아. 모르고 지나가는 경우가 많을 정도로 소량이야.

보통 이슬이 비치면 곧 진통이 온다고 알고 있지만 꼭 그런 건 아니야. 출산이 임박했다는 신호는 맞지만 이슬이 비쳐야 진통이 오는 건 아니거든. 진통 후나 출산 3일 전에 비치는 경우도 있고 일주일이 걸린 경우도 있어. 하지만 이슬이 비쳤다면 조금 더 신경 쓰는 게 좋겠지.

분만이 임박하면 소변이 자주 마려워. 조금씩 소변이 새는 느낌

점검하기

출산 가방 싸기 체크리스트
(꼭 필요한 것들)

	준비물	체크
1	산모수첩	
2	신분증, 건강보험증	
3	속옷 (수유용 브래지어)	
4	물티슈, 가제수건	
5	머리끈, 헤어밴드	
6	내의, 수면양말	
7	손목보호대	
8	카디건	
9	기초화장품	
10	입술보호제	
11	칫솔, 치약	
12	텀블러	

이 드는데 실제로 소변이 새는 경우도 있어. 그 경우 불편하고 찝찝하긴 하지만 몸에 이상이 있는 것은 아니니 신경 쓰지 않아도 돼. 문제는 그게 양수일 때야. 간혹 속옷이 살짝 젖는 정도로 적은 양의 양

수가 지속해서 나오는 경우도 있거든.

양수라면 병원에 가서 감염을 막아야 해. 그러니 양수와 소변을 구별해야 해. 양수는 맑고 소변은 노랗지만 색으로 구분하려면 어느 정도 양이 모여야 해. 속옷이 젖는 정도로는 구분하기 어려운 게 사실이지. 오히려 냄새를 맡아보면 도움이 돼. 소변은 소변 특유의 냄새가 나지만 양수는 냄새가 없거나 약간 비릿한 냄새가 나. 락스 냄새가 난다는 사람도 있어. 하지만 냄새 역시 뚜렷이 구분되지는 않으니 애매하다면 병원에 가보는 게 좋아.

양수가 터지기도 해. '터진다'는 표현처럼 배 속에서 풍선이 터지듯 퍽 하는 느낌과 함께 미지근한 물이 다리를 타고 흐르지. 내 의지와 상관없이 한꺼번에 많은 양이 쏟아져. 보통 진통 중 자연스럽게 양막이 터지며 양수가 흘러나오는데 이 경우는 진통이 오기 전 양수가 터졌다고 해서 '조기파수'라고 해. 임신부 10명 중 2~3명이 경험하는 일이지.

파수 후 48시간 이상 지나면 자궁 안에 있는 태아가 세균에 감염될 가능성이 크니 파수가 되면 곧바로 병원에 가야 해. 찝찝하다고 목욕을 하면 감염의 위험이 있으니 하지 말고, 양수가 계속 흘러나올 수 있으니 생리대나 산모용 패드, 수건을 대고 비스듬히 누운 자세로 차에 타서 이동하는 게 좋아.

이 시기에는 출산 신호가 신경 쓰이는 만큼 출산 신호가 오지 않는 것도 신경 쓰이더라. 39주가 되었는데 이슬도 비치지 않고 별다른 느낌도 없으니 초조해지는 거야. 의사 선생님께 "쪼그리고 앉아서 걸레질이라도 할까요? 계단 오르기라도 할까요?" 여쭤봤더니 웃으시면서 "임신 42주차 전에 낳으면 순산, 42주부터 만산이라고 하니 초조해할 필요 없다"고 하시더라. 그러고는 "아기는 엄마가 걸레질한다고, 계단을 오르내린다고 빨리 태어나는 게 아니라 아기가 태어나고 싶을 때 태어나니 기다려달라"라고 하셨어.

출산 가방에 꼭 넣어야 할 것

일단 입원을 하기 위한 서류들이 필요하지. 건강보험증과 신분증, 산모수첩을 챙겨놔. 그리고 분만 후 입원하게 되니 병실에서 필요한 물건들을 챙겨야지. 아기를 낳으면 계절에 상관없이 대부분의 산모는 오한을 느껴. 환자복은 얇잖아. 그 안에 내의를 입고 수면양말을 신으면 도움이 되지. 땀이 많이 나기도 하고 피가 묻을 수도 있기 때문에 두세 벌 준비하면 좋아. 분만 후 일주일 정도는 '오로'라고 하는 임신 부산물이 밖으로 흘러나오거든. 출산 후 10~14일까지는 생리처럼 나오고 4~6주까지는 노란색의 분비물처럼 나와. 병원에서 산모용 패드를 주기는 하지만 생각보다 오로의 양이 많으면 수시로 갈아야 하니 따로 준비해가거나 병원 내 편의점에서 사면 돼.

속옷도 챙겨야지. 출산했다고 바로 임신 전 속옷을 입는 것보다는 임신했을 때 입은 넉넉하고 배까지 덮어주는 팬티가 좋아. 수유용 브래지어도 같이 챙기자.

출산 후에는 샤워하기 힘들 수 있어. 이럴 때 물티슈나 작은 수건이 있으면 간단하게 얼굴이나 손발, 목 등을 닦을 수 있겠지? 머

점검하기

출산 가방 체크리스트

(병원에 있는지 확인하고 준비하면 좋은 것들)

	준비물	체크
1	산모용 패드	
2	회음부 방석	
3	복대	
4	유축기	
5	모유저장팩	
6	수유패드	
7	수유쿠션	

리를 감기도 힘드니 묶을 수 있는 머리끈이나 헤어밴드가 있으면 도움이 돼. 기초화장품도 챙기고, 무엇보다 입술보호제를 챙겨. 진통하며 입술을 깨물기도 하고 탈진 가능성도 높기 때문에 입술이 많이 건조해지거든. 개인용 세면도구도 챙겨놔. 특히 칫솔은 출산 후 잇몸이 약해져 있으니 부드러운 걸로 준비하는 게 좋아.

텀블러도 필요해. 분만 후에는 우리 몸에 쌓여 있던 노폐물이 빠져나가며 소변의 양이 급증하거든. 소변량이 급증하니 갈증도 심해지지. 물을 많이 마셔야 하는데 병실마다 정수기가 비치된 게 아니잖아. 텀블러가 있으면 복도를 덜 왔다갔다할 수 있어. 출산 후에는 따뜻한 물을 마시는 게 좋으니 보온 기능이 있는 텀블러가 좋고 말이야.

그리고 손목보호대. 출산을 거치면 골반뿐만 아니라 온몸의 관절과 인대가 느슨해져. 손목도 그래. 그 와중에 아기를 안고 수유를 하다보면 손목을 다치기 쉬워. 보통 수유하다가 손목이 시리다며 손목보호대를 하는데, 미리 하고 있으면 통증을 예방할 수 있겠지?

제왕절개를 할 예정이라면 복대도 챙겨. 개복수술이다보니 수술 후 걸을 때 수술한 부위가 많이 당기며 통증이 심하거든. 복대를 하면 통증이 완화돼. 병원에서 제공하기도 하니 문의 후 없다고 하면 챙기자.

자연분만을 하면 회음부 절개를 했기 때문에 정자세로 앉기 힘들어. 이때 회음부 방석이라고 불리는, 도넛처럼 구멍이 뚫린 동그란 방석이 있으면 훨씬 수월하게 앉을 수 있어. 출산 직후에는 유용하지만 상처가 아물면 필요 없어지니 주변에서 물려받으면 좋아. 병원에 비치되어 있는 경우도 있으니 일단 병원에 문의해보자.

아기가 태어나면 엄마 몸에서는 초유가 돌기 시작해. 아기에게 직접 수유할 수도 있지만 신생아 황달 등 질환으로 인해 혹은 엄마가 거동하기 힘들 때는 유축을 해서 신생아실에 전달하기도 하거든. 그러니 유축기와 모유저장팩도 준비해. 유축기도 병원에 구비되어 있는 경우가 많아. 위생이 신경 쓰일 수 있는데 소독을 철저히 하고 있으니 염려하지 않아도 돼. 아니면 부속물은 일회용을 쓰는 것도 방법이야.

점검하기

퇴원 가방 체크리스트

	준비물	체크
1	속싸개	
2	겉싸개	
3	기저귀	
4	산모 퇴원복	

아기에게 직접 수유를 할 때는 수유쿠션이 필요한데 병원에 비치되어 있는 경우가 많으니 문의해보고 없으면 챙겨두자.

출산 가방을 다 쌌으면 이제 퇴원 가방을 쌀 차례야. 퇴원 가방을 싸기 전에 병원에 문의부터 해봐. 출산 선물로 겉싸개 혹은 속싸개를 준비해주는 곳도 있거든. 아기 퇴원 용품으로 무엇이 필요하냐고 물어보면 친절하게 알려주실 거야. 배냇저고리와 손싸개, 모자 등은 미리 빨아서 깨끗하게 보관했다가 가방에 넣어두는 게 좋아.

그리고 마지막. 마음의 준비도 하자. 아기가 태어나면 바로 엄마 품에 안겨주거든. 너무도 벅차 울음부터 터져버리지만, 아기에게 반갑다는 인사를 건네주자. 그 순간 생각하려면 어떤 말도 떠오르지 않거든? 그러니 지금부터 생각해놔. 아기뿐만 아니라 임신이라는 긴 마라톤을 완주하고 부모로서 첫발을 뗀 배우자에게 해줄 말도 생각해두자.

편지 쓰기

아빠가 되는 남편에게 하고 싶은 말

편지 쓰기

엄마가 되는 아내에게 하고 싶은 말

부모가 된 우리

분만 제1기 : 진통이 시작되고 자궁경부가 열리다

드디어 내가 아이를 낳는, 아이가 세상에 태어나는 디데이야. 출산일을 앞두고 가장 큰 바람은 누구나 같아. "산모와 아이 모두 건강하게 출산했으면 좋겠어요." 나도 그랬어. 사실 순산보다 더 바랄 게 뭐가 있겠어.

순천향대학교 산부인과 이정재 교수는 산모와 태아 모두 건강한 상태로 순조롭게 분만하기 위해서는 세 가지 조건이 충족되어야 한다고 말했어. 첫째로 자궁 안에 있던 태아가 세상 밖으로 나오는 길인 '산도'가 잘 열려야 해. 산도는 좁고 어둡고 'ㄱ'자로 굽어 있어서 통과하기가 쉽지 않거든. 둘째로 아기를 밀어내는 '만출력'이 높아야 해. 셋째로 세상에 나오고자 하는 태아의 힘이 더해져야 하지.

더불어 임신부와 남편 모두 분만 과정을 숙지하고 있으면 순산에 도움이 된다고 했어. 분만 과정을 이해하고 진통이 있을 때 어떻게 해야 하는지 알면 진통에 대한 막연한 두려움과 걱정을 덜고 분만실에 들어갈 수 있기 때문이지. 그러니 분만 과정을 알아두자.

자연분만은 크게 3기로 나뉘어. 제1기는 자궁경부가 열리기 시작해서 완전히 열릴 때까지로 '개구기開口期'라고 해. 자궁경부가 완전히 열리고 아기가 태어날 때까지가 제2기인 '만출기晩出期', 아기가 나오고 태반 등 부속물이 나오는 때가 제3기로 '후산기後産期'라고 해.

진통이 시작되면 '분만 제1기'가 시작된 거야. 그중에서도 준비기. 자궁경부가 닫혀 있다가 직경 3센티미터까지 열리는 시기를 준비기라고 하거든. 준비기에는 병원에 가서 입원하게 되지. 첫 출산이면 10분 간격으로 진통이 올 때 병원에 가. 입원수속을 하고 환자복으로 갈아입고 분만 대기실에 가게 되지. 입원하자마자 진행되는 일이 적지 않아.

우선 진통 중에는 금식을 시키는 병원이 많아. 그렇기 때문에 전해질과 수분을 공급하기 위해서 정맥주사를 맞고 자궁의 수축 정도와 태아의 심장박동수를 동시에 기록하는 장치인 전자 태아감시장치를 복부에 부착해.

그리고 필요한 경우에 관장과 제모를 하지. 혹시 '산모 굴욕 3종 세트'라고 들어봤어? 분만 전 받게 되는 처치인 내진, 관장, 제모를 일컫는 말인데 대부분 그 경험을 다시 떠올리고 싶지 않다고 해.

내진은 임신 초기와 후기에 정기검진 받으러 가서 해봤잖아. 분만 대기실에 들어가면 자궁경부가 얼마나 열렸는지 확인하기 위해 수시로 의료진이 내진하거든. 필요하니 해야 한다는 건 알지만, 나 역시 수시로 내진하는 게 유쾌하지 않았어. 그래도 참을 수 있었던 건 자궁경부가 얼마나 열렸는가가 나도 궁금했으니까. 내진을 할 때면 내진한다는 사실보다는 진행 상황을 알게 된다고 생각하면서 기분을 달랬어.

다음은 관장. 산도와 장은 매우 가까운 위치에 있어. 그리고 임신하고 선배 엄마들에게 "아기 낳을 때는 어떻게 힘을 주는 거예요?" 물어보면 한결같이 "대변을 볼 때처럼 힘을 주면 돼"라고 했거든. 그러다보니 힘을 주다보면 실제로 대변이 나오기도 해.

나는 아기를 낳는 입장에서 대변이 나오면 창피할 것 같아서 관장하는 게 다행이다 싶었는데 의사 선생님은 대변이 나올 수 있다는 길 알고 있고 신경 쓰이지 않는다고 하시더라. 오히려 아기가 대변으로 인해 감염될 가능성이 있는 게 문제래. 그래서 관장을 하는 거라고 설명해주셨어.

제모도 마찬가지야. 정확히는 회음부의 음모를 제거하는 건데, 음모를 제거하면 회음부의 절개와 봉합이 수월해지는 장점이 있어. 최근에는 의료진의 개입을 최소화하는 '자연출산'을 원하는 산모가 늘어나며 병원에 따라, 제모를 하지 않는 경우도 있어. 반대로 출산을 앞두고 미리 제모를 하는 산모들도 있고 말이야. 이런 처치가 진행되는 동안 자궁경부는 더 열리고 그에 따라 진통도 강해져.

자궁경부가 4센티미터 열리면 제1기 준비기를 지나 진행기로 접어드는 거야. 보통 자궁경부가 4~5센티미터 열렸을 때 무통주사를 맞을 수 있어. 무통주사를 맞겠다고 했으면 이 시기에 놔주시지. 개인적으로는 자궁경부가 3센티미터에서 4센티미터로 열리기까지가 가장 고통스러웠어. 너무 아파서 "제발 빨리 무통주사를 놔달라"고 했는데 초기에 마취하면 자궁 수축이 억제돼 분만 진행이 잘 안 되니 조금 더 기다리라고 하시더라. 보통 초산의 경우 진통이 시작돼서 자궁경부가 완전히 열릴 때까지 12~15시간이 걸린다고 해.

자궁경부가 열리는 분만 제1기는 분만 전체 과정 중 가장 고통스러운 시기야. 그나마 자궁경부가 4센티미터 열리고 무통주사를 맞으니 그래도 진통을 견딜 만하더라. 자궁경부가 4~7센티미터 열려 있을 때를 진행기, 10센티미터까지 완전히 열리기까지를 이행기라고 하는데 이 시기에는 진통이 올 때마다 몸을 이완시키기 위해 복식호흡을 하는 게 좋아. 복식호흡은 코로 숨을 깊게 들이마시고 입으로 길게 내쉬는 거야. 내쉬는 힘이 길수록 통증이 줄어들어.

그리고 골반 내부로 내려오고 있는 아기에게도 복식호흡이 도움이 돼. 진통이 오면 나도 모르게 배에 힘을 주게 되는데, 힘을 주면 아기가 제대로 내려오지 못하거든. 아기가 조금이라도 수월하게 내려오도록 돕고 싶다면 산모는 힘을 주지 말아야 해. 이 시기에 힘을 쓰면 정작 힘을 줘야 할 때 쓸 힘이 남아 있지 않기도 해.

그렇다면 언제 힘을 줘야 할까? 쉽게 말하면 의사 선생님이 "지금부터 힘을 주면 됩니다"라고 할 때부터야. 자궁경부가 다 열려서 분만 대기실에서 분만실로 옮긴 뒤에. (가족분만을 선택했다면 그 자리에서 분만을 진행하니 옮기지 않아.)

분만 제2기 : 아기가 태어나다

자궁경부가 완전히 열리고 아기 머리가 2~3센티미터 정도 보이면 분만실로 옮겨. 이때부터 아기가 세상에 나오기까지를 분만 제2기라고 해. 초산의 경우 평균 45분, 경산은 15~30분 정도 소요돼.

분만실로 옮기면 회음부 절개를 하는 경우가 많아. 말 그대로 회음부를 절개하는 거지. 출산 시 회음부가 불규칙하게 찢어지는 것을 막고 자궁탈출증, 배변 장애와 직장류 등이 생기는 것을 예방하기 위해 회음부에 국소마취한 후 3~4센티미터 정도 절개하는 거야. 그렇다고 회음부 절개를 무조건 하는 건 아니야. 회음부가 잘 이완되고 회음부 절개를 하지 않아도 열상이 심하지 않을 것이라고 판단되면 하지 않아.

실제로 나는 첫째 아이를 낳을 때는 회음부 절개를 했고, 둘째 때는 회음부 절개를 하지 않았어. 의사 선생님께서 "경산이고 아기 머리가 작아서 회음부 절개를 하지 않았다"고 하시더라. 산모와 아기의 상태에 따라 절개를 할지 말지 결정하는 것이니 주치의의 판단에 맡기면 될 것 같아.

회음부 절개까지 마치면 의사 선생님께서 "이제부터 힘이 들어갈 때 힘을 주세요"라고 하시더라. 이 시기 진통은 1~2분 간격으로 60~90초 정도 지속되는데 자궁 수축이 강하게 오면서 진통도 강하게 와. 진통이 오면 자연스럽게 힘이 들어가지. 포인트는 힘이 들어갈 때 힘을 잘 주는 것. 힘을 줄 때도 요령이 있다고들 하잖아. 전문가와 선배 엄마들이 알려준 팁 몇 개를 알려줄게.

일단 다리는 되도록 넓게 벌리기. 무릎을 바깥쪽으로 향하게 하는 느낌으로 양쪽 무릎을 되도록 떨어지게 벌려. 힘을 주다보면 허리가 분만대에서 떨어지게 되는데 그 반대야. 등을 둥글게 해서 허리를 분만대에 붙이고 있어야 힘이 잘 들어가.

턱은 몸에 붙이고 팔꿈치는 약간 구부리고 발을 차는 느낌으로 힘을 줘. 나는 힘을 줄 때 자꾸 눈을 감았는데 의사 선생님께서 뜨라고 하시더라. 눈을 감으면 배가 아니라 얼굴에 힘을 주게 된대. 눈을 뜨고 배꼽 쪽을 바라본다고 생각하면 배에 힘을 주기 쉬워져. 말은 이렇게 하지만 사실 진통을 느끼면서 이 모든 팁을 기억하고 실천하는 건 불가능에 가까워. 그럴 땐 의료진의 지시에 따라. 자세도 잡아주시고 힘을 주는 요령도 설명해주시니 크게 걱정하지 않아도 돼.

아기가 세상 밖으로 나오면 아빠의 할 일이 많아져. 일단 의사 선생님이 흡입기로 아기의 입과 콧속에 있는 분비물을 빼내. 그리고 탯줄 자를 준비를 하시지. 겸자로 두 군데를 집고 그 사이를 자르는데 가족분만을 한 경우, 아빠에게 탯줄을 자를 거냐고 물어보셔. 자르겠다고 하면 아빠는 겸자 사이를 자르면 돼. 재밌는 건 많은 아빠가 탯줄 자르는 연습을 한다는 거야. 아빠들 사이에서는 "탯줄이 생각보다 질기더라. 그래서 한 번에 자르지 못했다"며 "곱창을 자른다고 생각하고 한 번에 잘 잘라야 한다"는 말이 많더라.

분만 제3기 : 태반과 탯줄을 정리하다

드라마에서 보면 아기를 낳은 뒤 산모가 아무 일도 없었다는 듯 분만실에서 저벅저벅 걸어나와 입원실로 가잖아. 아기를 낳고 났더니 내가 언제 진통을 했나 싶더라는 이야기도 많고 말이야. 절반은 맞고 절반은 틀린 것 같아.

일단 아기가 태어난 순간 진통이 사라져. 나도 참 신기했어. 아기가 태어나는 순간의 온몸이 비워지는 듯한 시원함과 짜릿함이 있지. 마라톤을 할 때 힘듦이 정점을 찍고 넘어설 때 느끼는 쾌감을 '러너스 하이Runner's High'라고 부르는데 이 경험이 아이가 태어나는 순간 산모들이 마지막 진통을 넘길 때와 아주 비슷하대.

그래서 아이가 태어나는 순간 느끼는 쾌감을 '마더스 하이

mother's high'라고 부르는 사람도 있어. 실제로 아기가 태어나니 '해냈다'는 황홀감이 온몸에 가득 차더라. 말로 설명할 수 없는 감정이야.

그런데 반전은, 감정은 감정이고 아픈 건 아픈 거라는 것. 아기가 태어났다고 끝이 아니야. 흔히 후처치라고 하는데 자궁 속에 남아 있는 태반과 탯줄을 정리하는 과정이야. 초산은 20~30분 정도, 경산은 10~20분 정도 소요되는데 태반이 잘 나오지 않을 때는 자궁수축제를 투여하거나 탯줄을 잡아당겨 인위적으로 제거하기도 해.

회음부 절개를 한 경우 봉합도 하고. 태반이 배출될 때 출혈이 있기도 하고 후진통을 느끼기도 하는데 보통 초산보다 경산의 경우에 후진통이 심하다고 해. 나 역시 첫째는 진통 시간이 길었던 반면 후진통은 짧았고, 둘째는 진통은 짧았지만 후진통이 오래 가더라.

후처치가 끝났다고 바로 입원실로 가는 건 아니야. 그 전에 회복실로 옮겨져 안정을 취하지. 2시간 정도 회복실에 머물며 출혈이 없는지, 큰 문제가 없는지 확인한 뒤 입원실로 옮겨져. 그동안 아기는 몸에 묻은 이물질을 닦고 배꼽 소독을 하고 성별 확인, 손가락, 발가락 개수 확인 등 간단한 처치를 한 뒤 신생아실로 옮겨지고 말이야.

분만 이후 : 보호자로서 할 일이 남다

진통이 시작되고, 아이가 태어나고, 입원실로 가기 전까지는 아내의 역할이 주, 남편이 부였다면 입원실에 간 순간부터는 남편의 역할이 주가 돼.

일단 산모가 충분히 쉴 수 있도록 도와야지. 산모는 분만을 거치며 출혈도 많았고 말 그대로 젖 먹던 힘까지 끌어냈거든. 피로도도 높고 전반적으로 굉장히 약해진 상태야. 침대에서 일어나 화장실에 가는 것도 부축이 필요하지. 그러니 아내의 컨디션을 잘 파악하고 필요한 건 없는지 살펴봐.

가족과 친인척에게 아이와 산모의 소식을 전하는 것이 다음 순서. 자연분만을 한 경우 입원 기간이 2박 3일이기 때문에 대부분 그 기간에 축하 인사를 오시거든. 그러니 될 수 있는 대로 빨리 알리는 게 좋겠지?

다만 인사드리기 전에 직접 방문해도 좋을지 아닐지를 아내와 미리 상의해. 직접 축하하고 싶은 마음이야 감사하지만 산모 입장에서는 맞이해야 할 손님이거든. 출산 직후라 머리도 감지 못했는데 손님이 오신다고 하니 마음이 마냥 편하진 않더라.

우리 부부의 경우는 편하게 맞이할 수 있는 양가 부모님과 직계 가족을 제외하고는 문자나 전화로만 축하 인사를 받기로 했어. 남편이 중간에서 잘 전달해줬고 덕분에 나는 내 몸 회복에만 집중할 수 있었지.

또 입원 기간 내내 병원에서 찾는 경우가 많아. 아이의 보호자로서 엄마를 찾고, 엄마의 보호자로서 아빠를 찾더라. 아이에게 모유를 먹일지 분유를 먹일지, 모유 수유를 하러 신생아실로 올지, 유축해 신생아실로 전달할지 등 아이와 관련된 것은 엄마에게 연락하고 입원과 관련된 서류나 비용, 입원 기간 동안 필요한 물품 등은 아빠에게 연락하는 식이지.

한 아빠는 본인이 절대 멀티플레이를 못한다고 생각했는데 출산 후 입원해 있는 동안 아내를 돌보는 동시에 주변에 알리고 병원의 호출에도 응답하느라 태어나 처음으로 '멀티플레이어'가 된 것 같았다고 했어.

알아두기

한눈에 보는 자연분만 과정

	분만 과정	임신부가 해야 할 일
분만 제1기	진통이 시작되면서 자궁구가 천천히 열리기 시작한다. 처음에는 1cm씩 열리다가 10cm 정도까지 완전히 열리면 양수가 터지면서 본격적으로 태아가 나오는 시기로 접어든다.	우선 몸에 긴장을 풀어야 한다. 진통이 계속될수록 출산에 대한 공포도 함께 오는데 그러면 긴장해서 자궁경부가 잘 열리지 않는다. 복식호흡으로 긴장을 풀어야 한다.
분만 제2기	양수가 터지고 태아의 머리가 보일 정도가 되면 회음부가 극도로 늘어나고 열상이 생긴다. 태아가 쉽게 나올 수 있도록 국소마취 후 회음부를 절개한다. 그러면 태아의 머리가 나오면서 탄생하게 된다. 탯줄을 자르고 신생아를 응급처치한 후 건강을 확인한다.	호흡과 함께 힘을 줘야 한다. 힘을 주는 것이 가장 중요하다. 진통이 느껴지면 얕고 가볍게 숨을 들이마시고 짧게 내쉰 뒤 숨을 멈추고 힘을 주면 좋다. 태아의 머리가 나오면 이제 힘을 주지 않아도 괜찮다. 온 힘을 다하다 긴장이 풀려 정신을 잃는 경우도 있기 때문에 차분하게 정신을 가다듬는 노력이 필요하다.
분만 제3기	아이가 태어나고 조금 지나면 태반이 몸 밖으로 나오기 시작한다. 태반이 나온 후 몇 분 동안은 출혈이 있어서 출산 시 절개했던 회음부를 꿰맨 후 엄마 품에 아이를 안겨준다.	아이가 태어났다고 모든 것이 끝난 것은 아니다. 태반이 쉽게 배출되도록 가볍게 힘을 주는 게 좋다. 회복실로 이동해서는 안정을 취해야 한다. 아이를 안으면 감동도 크고 흥분되겠지만 차분한 마음으로 몸을 회복시키는 게 우선이다.

회복에 집중하는 시간

산욕기, 내 몸에 심통할 때

퇴원하는 날 아침 일찍 일어나 이런저런 준비를 하는데 간호사 선생님께서 오시더니 안내문을 주셨어. 제목은 '산욕기 퇴원 교육'. 퇴원을 하니 퇴원 교육은 알겠는데, 산욕기? 처음 보는 단어였지. 산욕기가 뭐냐고 여쭤봤더니 출산으로 인한 상처가 완전히 낫고, 자궁과 신체의 각 기관이 임신 전의 상태로 회복되기까지의 기간을 뜻한대. 이 시기는 대개 출산 후 6~8주 정도가 걸린다고 하더라. 아이 낳고 퇴원할 때쯤엔 임신 전 몸으로 돌아갈 수 있을 거라 생각했는데 그게 아니었던 거지.

남편과 같이 안내문을 찬찬히 살폈어. 회음부는 어떻게 관리해야 하는지, 오로는 언제까지 나오는지, 운동은 언제부터 할 수 있으며 어떤 운동을 추천하는지 등을 보고 있으니 내 몸의 회복에 우선순위를 둬야겠다는 생각이 들더라.

솔직히 말하면 '몸'의 회복보다 '몸매'의 회복이 신경 쓰였거든. 임신해 불렀던 배인데 아기를 낳은 뒤에도 왜 그대로인지! 그리고 임신해 증가한 체중인데 아이를 낳은 뒤에 어째서 5킬로그램만 빠졌는지! 혼란스럽고 걱정됐어.

평소 우리 주먹만한 크기였던 자궁은 만삭 때 500~1,000배 커진대. 만삭 때 태아, 양수, 태반의 무게를 제외하고도 자궁만 1킬로그램에 달하고. 임신하고 10개월간 천천히 커진 만큼 아이가 태어났다고 바로 원래 크기로 돌아오지는 않는다고 하더라.

분만 후 6주가 지나야 임신 전 크기로 회복한대. 생각해보니 맞는 말이었어. 10개월간 늘어났는데 하루아침에 돌아오면 그게 더 이상한 거지. 조바심을 낼 일이 아니었던 거야.

자궁이 수축할 때마다 산모는 통증을 느끼는데 특히 모유 수유할 때 아팠어. 아기가 젖을 빨면 유두가 자극되어 옥시토신이 분비되는데 그게 자궁 수축 호르몬이거든. 모유를 수유하는 동안 자궁 수축이 이루어지기 때문에 모유 수유를 하면 회복이 빠르다고 하는 거였어.

몸무게도 그래. 아기 낳고 입원실로 옮겨 쉬다가 가장 먼저 한 일이 체중을 잰 거였거든. 얼마나 빠졌나 궁금해서 체중계에 올라섰는데 딱 5킬로그램 빠졌더라. 나는 임신하고 체중이 12킬로그램 늘었거든. 3.4킬로그램의 아기를 낳았고, 양수와 태반까지 나왔는데 겨우 5킬로그램이 빠졌으면 나머지 7킬로그램은 모두 내 살이 된 건가? 싶었지.

나만 그런가 했는데 보통 비슷하더라. 우리나라 임산부의 경우 임신 후 체중이 평균 13.6킬로그램이 증가하며 분만 직후 5.5킬로그램이 빠져. 이후 2, 3주까지는 부종이 꾸준히 빠져서 2~3.6킬로그램이 추가로 감소하고 출산 후 3개월이 지나면 임신 전보다 적게는 1.2킬로그램이 남게 되지. 6개월이 지나면 임신 전과 비슷한 체중으로 회복한다고 해.

그래서 그런가 산후 6개월까지 임신 전 체중을 회복하지 못하면 영영 회복하지 못한다는 말까지 있더라. 슬쩍 겁이 나서 찾아봤지. 미국산부인과학회Obstet Gynecol에서 출산 경험이 있는 여성들을 10년간 추적한 연구가 있었어. 연구 결과에 따르면 출산한 지 6개월 안에 임신 전 체중으로 돌아간 여성은 10년 후 평균 2.4킬로그램이 늘어난 반면 6개월 뒤까지 체중을 회복하지 못한 여성은 8.4킬로그램이 증가했지. 출산 후 6개월 안에 체중을 회복하지 못하면 산후 비만이 되고, 산후 비만은 평생 비만으로 이어질 확률이 높다는 거야.

이에 대해 '체중조절점set-point'을 근거로 들기도 해. 우리 몸에는 '체중조절점'이 있어서 특정 체중을 기억하고 항상 그 기준을 맞추려고 한다는 거야. 체중이 늘거나 빠질 경우, 그 체중이 3개월 이상 지속되면 새로운 기준점으로 인식하고 변한 체중을 유지하려는 방향으로 조절하는 거지.

하루이틀 폭식했다고 체중이 늘지 않는 것, 단기간 다이어트를 한 뒤 요요현상에 시달리는 것도 체중조절점 때문이라는 거지. 그러니 출산 후 3개월은 임신 전 체중으로 회복할 적기이며 늦어도 출산 후 6개월을 넘기지 말라는 거야.

가끔 출산 후 6개월이 지나서도 '나는 왜 이렇게 부기가 빠지지 않지?' 고민하는 산모들이 있는데 6개월이 지났다면 부종과 살에 구분이 필요하다고 해. 부종은 주로 얼굴이나 팔, 다리에 나타나지만 비만은 지방조직이 많이 분포한 복부, 허벅지 등에 잘 나타나는 편이니 참고해서 점검해봐.

임신 전 몸으로 회복하기 위한 기초공사

그렇다고 다이어트를 하라는 말은 아니야. 절대 아니야. 앞서 말한 것처럼 분만 이후로는 임신 기간 우리 몸에 정체되어 있던 수분이 빠져나가고 모유 수유를 하면서 체중이 자연스럽게 감소하거든. 게다가 '육아는 체력전'이야.

그만큼 육아 자체로 체력 소모가 크다보니 저절로 살이 빠지기도 하지. 산욕기에는 체중을 조절하기 전에 체력 회복부터 하자. 우리나라뿐 아니라 미국 스포츠의학회, 캐나다 임신부학회 등 모두 출산 후 6주까지는 무리한 운동을 삼가라고 권고하고 있어.

임신과 출산을 치러내며 우리 몸이 많이 쇠약해진 만큼 영양소를 골고루 섭취하고 충분한 휴식을 취해 자궁을 비롯한 몸의 모든 기능이 제자리를 찾도록 하라는 거야.

알고 보면 체력 회복은 체중 조절을 위한 기초공사이기도 해. 무슨 말이냐고? '애 낳으면 체질이 변한다'는 말 들어본 적 있어? 많은 엄마가 임신 전에는 먹어도 먹어도 살이 찌지 않았는데 아이를 낳고는 물만 마셔도 살이 찐다는 이야기를 하곤 해. 절반은 맞고 절반은 틀린 말이야. 물만 마셔도 살이 찌는 게 아니라 물만 마셔도 살이 찌기 쉬운 체질로 바뀌었기 때문이거든.

임신 기간 신체 활동이 줄어들며 근육량도 크게 줄어. 근육량이 줄면 기초대사량이 낮아지고, 기초대사량이 낮아지면 임신 전과 똑같이 먹어도 살이 찌기 쉬워. 혈액순환도 잘 안 되니 신진대사가 원활하지 않고 축적된 지방도 잘 분해되지 않지. 임신과 출산을 거치며 골반이 벌어지고 몸의 균형이 깨지니 엉덩이, 허벅지 등 하체에 군살이 붙기도 쉽고 말이야. 그러니 체력부터 회복해야 체질도 임신 전으로 돌아갈 수 있어.

실천하기

케겔 운동

출산과 분만을 거치며 회음부와 질 근육이 손상되는데
이전의 상태로 돌아가지 않아 요실금이 생기기도 한다.
케겔 운동을 하면 회음부 근육이 강화돼 회음부의 빠른 회복과
요실금 예방에 도움이 된다.

운동법	1. 소변을 참을 때처럼 질을 1초간 수축했다가 긴장을 푸는 것을 반복한다. 익숙해지면 최대 10초까지 수축한다. 2. 질의 근육을 아랫배 쪽으로 넣는다는 느낌으로 뒤에서 앞으로 수축하고 다시 몸 밖으로 내보낸다는 느낌으로 힘을 풀어준다. 한 번에 20~30회 정도는 거뜬하게 할 수 있도록 연습한다.

다시 한 번 강조하지만 그렇다고 무리하지는 마. 산욕기에는 일상 속 운동으로 충분해. 일단 걷기부터. 병원에서도 출산 후 가급적 빨리 움직이라고 하잖아. 빨리 움직인 만큼 빨리 회복된다면서 말이야. 움직일수록 혈액순환, 림프순환이 촉진되며 회복이 빨라져. 그러니 힘들지만 가급적 움직이자.

누워서 할 수 있는 스트레칭이나 케겔 운동도 출산 직후에 무리 없이 할 수 있는 운동 중 하나야. 분만 후 회음부와 요도 주변의 근육이 손상되어 요실금이 발생하는 경우도 적지 않거든. 산후 요실금은 시간이 지나면 나아지지만 케겔 운동을 하면 회복을 앞당길 수 있어. 케겔 운동은 질 주위의 근육을 조였다 폈기를 반복하는 골반 근육 강화 운동인데, 운동법은 위의 표를 참고해.

출산 2주차부터는 조금씩 근력운동을 해봐. 앞서 말했지만 우리

실천하기

코어 강화 운동

다리 밀기	1. 등을 바닥에 대고 누운 상태로 무릎을 구부려 세우고 양손은 엉덩이 옆 바닥을 짚는다. 2. 숨을 들이마시면서 한쪽 다리를 서서히 폈다가 숨을 내쉬면서 다시 구부린다. 10회씩 3번 다리를 번갈아 반복한다.
머리 들기	1. '다리 밀기' 1번과 준비 자세는 같다. 2. 숨을 내쉬며 천천히 머리를 바닥에서 들어 무릎을 바라봤다가 다시 숨을 내쉬며 천천히 처음 상태로 돌아온다. 10회씩 3번 반복한다.
상체 들기	1. '다리 밀기' 1번과 준비 자세는 같다. 2. 숨을 내쉬며 어깨와 등이 바닥에서 떨어지도록 상체를 말아올려 손끝을 무릎에 댄다. 숨을 내쉬며 천천히 처음 상태로 돌아온다. 10회씩 3번 반복한다.

몸은 임신 10개월 동안 출산을 대비해 몸의 근육과 인대 들을 느슨하게 했잖아. 근력을 회복해야 임신 전 몸으로 돌아갈 수 있고 출산 후 발생하는 통증도 예방할 수 있어. 근력운동이라고 해서 헬스장에서 하는 웨이트 트레이닝을 말하는 건 아니야.

출산 후 근력운동은 뼈에 가장 가깝게 붙은 근육인 '심부 근육(코어)'을 회복시키는 게 목적이거든. 임신 기간에는 전체적인 체형이 변하면서 심부 근육이 약해지고 관절과 인대가 늘어났으니까. 심부 근육이 약하면 관절이 불안정해져서 통증이 생길 수 있고 체형도 회복할 수 없어. 심부 근육을 키우는 데는 플랭크와 같은 '버티기 운동'이 좋지만 산욕기에는 자궁이 회복 중인 만큼 하복부에 지나치게 힘이 들어가는 운동은 피하는 게 좋아.

이참에 틀어진 골반도 제자리로 돌려보자. 출산 후 6개월까지는 릴렉신 호르몬이 분비되며 관절과 인대가 부드럽게 늘어나 있으니 운동할 때 무리하지 말라고 했잖아. 반대로 해석하면 관절과 인대가 늘어나 있으니 틀어진 골반을 제자리로 돌릴 수도 있다는 거야.

물론 임신과 출산을 거치며 골반이 틀어지기도 하지만 그 전부터 다리를 꼬는 습관, 짝다리 짚기 등으로 이미 틀어져 있는 경우가 많거든. 학생 시절 걷다보면 교복 치마가 돌아가 있지 않았어? 만약 그랬다면 골반이 틀어졌기 때문일 확률이 높아. 간단한 스트레칭을 꾸준히 하면 골반을 제자리로 돌릴 수 있으니 수시로 해보자.

일상 속에서 수시로 움직이고 스트레칭하며 체력을 회복하는 것만큼 충분한 영양 섭취도 중요해. 단, 오해는 하지 말자. 충분한 영양 섭취라고 하면 보통 몸에 좋은 음식을 더 많이 먹어야 한다고 생각하는데, 옛말이야.

요즘 사람들은 평소에 이미 충분한 영양 섭취를 하고 있는 경우가 많아. 평소 영양 상태가 좋았다면 산후 보양식까지 먹을 필요는 없다는 말이지. 대신 음식의 양보다는 질에 신경을 쓰자. 기름진 음식보다는 소화가 잘되고 배변 활동을 도울 수 있고 맵거나 짜지 않은 식단을 유지하는 게 좋아.

이 시기엔 매끼니 미역국을 먹느라 스트레스 받는 산모들도 많아. 미역에는 칼슘과 요오드가 많이 함유되어 산모에게 좋을 뿐 아

실천하기

골반이 틀어졌는지 체크하는 방법

- 걷거나 가만히 서 있을 때 한쪽 골반에 통증이 있다. ☐
- 가만히 서 있을 때 양쪽 어깨의 높이가 다르다 ☐
- 무릎의 높이나 모양이 다르다. ☐
- 배꼽이 한쪽으로 틀어져 있다. ☐
- 팔자 또는 안짱걸음이다. ☐

골반을 바로잡는 스트레칭

개구리 자세	1. 바닥에 엎드려 누운 뒤 팔꿈치를 접어 손을 어깨 옆에 두고 양발은 어깨너비보다 넓게 벌려준다. 2. 양쪽 발바닥을 맞대어 다리를 마름모꼴로 만든다. 3. 팔꿈치가 완전히 펴질 때까지 손바닥으로 바닥을 밀어 상체를 들어올린 후 5초 정도 버틴다.
무릎 모으기	1. 발뒤꿈치를 맞대고 브이자로 선 후 무릎을 발끝 방향으로 벌리며 살짝 앉아준다. 2. 상체와 골반은 고정한 채로 천천히 무릎을 안쪽으로 모으면서 일어나고 5초 정도 버틴다.

니라 섬유질도 많아 변비에 도움이 되지만 그렇다고 매끼니 꼭 먹어야 하는 건 아니야.

미역국이 싫다면 자극적이지 않은 다른 국을 먹는 것도 좋아. 또 하루 2리터 이상 수분 섭취가 중요해. 출산 후에는 임신 중 우리 몸에 정체되어 있던 수분이 땀으로 배출된다고 했잖아. 그러다보니 평소보다 땀이 많아져. 땀 흘린 만큼 물을 충분히 마시자.

영양 섭취면에서는 무엇보다 규칙성을 강조하고 싶어. 아이를 낳고 키워보니 하루 세끼 제때 식사하는 게 세상에서 가장 어려운 미션처럼 느껴지더라고. 아침에 눈떠서 우는 아이를 달래고 어르다 보면 어느새 밤이야. 그제야 배고픔이 느껴져 '내가 오늘 아침을 먹었나?', '저녁은 먹었나?' 되짚어보면 가물가물하더라.

매일 아침 '오늘은 제때 밥을 챙겨 먹으리라' 다짐하고 밥상을 차려보지만 아이가 울면 아이에게 가야 하지. 그러다보니 아이가 낮잠 자는 틈을 타 식은 밥을 후루룩 마시듯 먹을 때가 많아.

나만 그런 게 아니야. 비슷한 또래 아이를 키우는 엄마들은 불규칙적으로 식사를 하다가 위염에 시달리는 경우가 많더라. 아이들이 잠든 뒤 뒤늦게 저녁을 먹거나 야식을 먹어 역류성 식도염에 걸리는 엄마들도 많고. 한마디로 '엄마 직업병'인 거지. 어쩔 수 없다고 생각하진 마. 엄마들이 잘 걸리는 병이니 피할 방법을 찾아야지. 끼니를 제때 챙기려는 의식적인 노력을 해야 해. 산후조리원에 있을 때는 조리원에서 식사를 챙겨주고 내 식사 시간을 확보해주니 문제가 없지만 집에서는 스스로 챙겨야지.

그래서 아이 하루일과표 옆에 내 식사표를 같이 적는 걸 추천해. 보통 아기가 어릴 땐 젖은 언제 먹였는지, 기저귀는 언제 갈았고 낮잠은 언제 자서 언제 일어났는지를 기록하거든. 그 옆에 한 칸을 더 그어서 내가 무얼 언제 먹었는지를 적는 거지. 이렇게 적으면 끼니를 제때 챙기는 데 도움이 되고 괜한 군것질을 하지 않으니 체중 관리에도 도움이 되더라.

모유 수유 전에 고민해야 할 것

결혼하면 임신을 하고, 임신하면 아이가 태어나고, 아이가 태어나면 좋은 부모가 되는 줄 알았어. 세 가지 모두 큰 착각이었지. 임신을 하려면 준비와 노력이 필요했고, 임신해서도 10개월간의 기다림과 준비 끝에 아이를 만났어. 아이를 키우며 좋은 부모는 되는 게 아니라 되어가는 거라는 걸 깨닫고 있고. 그리고 착각 하나 더. 아이를 낳으면 모유가 저절로 나오는 줄 알았어. 처음 젖을 물린 순간 아니라는 걸 알았지.

많이 알려져 있다시피 모유 수유를 할 예정이라면 출산 후 가급적 빨리 젖을 물리는 게 좋아. 아기를 낳은 뒤 30분 이내에 젖을 물리면 모유 수유의 성공률이 높아지거든. 하지만 출산 후처치, 신생아 처치 등을 고려하면 현실적으로 그러지 못하는 경우가 대부분이지.

산모 입장에서는 일어서기만 해도 어지러운데 수유를 하게 되는 거야. 게다가 처음이니 나는 어떻게 앉아야 하고 아이는 어떻게 안아야 하는지 모르겠더라. 겨우 젖을 물렸는데 나오는 것 같지가 않아. 아이의 울음소리를 듣고 오신 간호사 선생님의 도움을 받고 나서야 아이가 젖을 빨기 시작했어. 선생님께 "아무래도 젖량이 부족한 것 같다"고 말씀드리니 모유 수유는 자세가 중요하다고 하시더라. 일단 젖을 물릴 때 젖꼭지만 물리는 게 아니라 유륜까지 깊숙이 물려야 한대. 아기가 유륜까지 물어야 엄마의 뇌 중앙에 위치한 뇌하수체가 자극돼 프로락틴과 옥시토신이 분비되거든.

프로락틴은 모유 생산을 촉진하고 옥시토신은 모유의 사출을

알아두기

모유 수유의 장점

아이에게 좋은 점	엄마에게 좋은 점
• 아이에게 필요한 영양분이 충분히 함유되어 있다. • 특히 초유는 면역 성분이 농축된 젖으로 아이의 면역력을 높인다. • 아이의 정서적 안정과 엄마와의 유대감 형성에 도움을 준다.	• 자궁의 수축을 도와 산후 출혈을 줄이는 데 도움이 된다. • 모성애를 유발하고 스트레스를 조절해 산후우울증 예방에 효과가 있다. • 산후 다이어트에 효과가 있다. • 유방암, 난소암 예방에 도움을 준다.

유도해. 그리고 아기가 유륜까지 물어야 엄마의 유두에 상처도 덜 나. 모유 수유를 처음 하면 유두에 상처가 많이 나거든. 상처가 회복될 때까지 수유를 중단할 수 없으니 상처 난 유두로 수유를 하고 또 하다보면 그 고통을 참기 힘들어.

처음부터 상처가 나지 않는 게 중요한데 유륜까지 물리면 상처가 덜 나지. 그러니 수유할 때 아기의 자세와 입의 위치를 잘 잡아주면 모유 수유에 성공할 수 있어. 모유 수유를 할 때마다 산후조리원이나 산후도우미 등 전문가의 조언을 받아서 자세를 바로잡아봐.

나는 산후도우미에게서 모유 수유 자세를 배웠는데, 나는 젖을 제대로 물리는 데만 신경 쓴 반면 산후도우미는 아기의 자세와 입 위치 그리고 내 자세까지 같이 봐주시더라. 아무래도 나는 신생아를 처음 돌보다보니 아기를 안을 때도 혹시 떨어뜨리진 않을까, 너무 꽉 안는 건 아닐까 늘 조심스러웠거든. 긴장해 온몸이 경직되곤 했어. 어깨부터 팔, 손, 다리까지 힘이 잔뜩 들어갔지. 그렇게 근육이 오래 긴장하면 통증이 생길 수 있어.

특히 모유 수유는 하루에 평균 8~12회, 한 번에 10분 정도, 양쪽 젖을 모두 먹여. 수유를 한 번 하고 나면 어찌나 삭신이 쑤시고 결리던지. 산후도우미는 엄마가 편하게 수유해야 아이도 편하게 먹을 수 있다며 올바른 자세를 유지하라고 하셨어. "엄마가 먼저 편한 자세를 잡고 아이를 안으라"는 말은 부모가 된 지 9년차인 지금도 힘들 때마다 떠오르는 조언이야.

자세만 바로잡는다고 모유 수유에 성공하는 건 아니야. 그래도 모유량이 부족하더라. 젖이 비었는데 아기는 배가 고프다고 울고 있으니 식은땀이 났지. 시중에 파는 모유를 촉진하는 차나 영양제 등을 먹어봤지만 도움이 되지 않더라. 친정엄마가 본인도 산후조리할 때 돼지족을 고아 마시니 젖량이 늘었다며 고아주셨지만 나는 그것도 통하지 않았어. 알고 보니 영양 상태가 좋지 않았던 예전에는 돼지족이나 곰탕이 모유량 증가에 도움이 됐지만 요즘은 그렇지 않은 경우가 많대. 오히려 기름진 음식을 많이 먹으면 모유가 걸쭉해져 유선염이 생길 수도 있고 말이야.

가장 간단하면서 도움이 되는 방법은 수분을 충분히 섭취하는 거였어. 하루 2리터 물을 마신 게 도움이 됐어. 또 유두와 유륜이 자극을 받을수록 모유량이 많아지니 양이 적더라도 규칙적으로 아기에게 물리는 게 중요해. 어르신들이 "모유량은 아이가 필요한 만큼으로 맞춰진다"고 하시는 말씀이 일리 있는 거야.

근본적으로, 모유 수유를 고집할 필요는 없어. 아기에게 모유가

알아두기

올바른 수유 자세

자세	내용	방법
요람식 자세	가장 일반적인 수유 자세	팔꿈치 안쪽에 아이 머리를 올려놓고 유두와 아이 입이 맞닿게 한다. 아이 머리 쪽의 손으로 아이의 등을 받치고 반대편 손으로는 아이 엉덩이를 감싼다.
미식축구공 자세	쌍둥이를 동시에 수유하거나 제왕절개로 배 쪽으로 아이를 안기 힘든 경우, 가슴이 크거나 편평유두일 경우 추천하는 자세	미식축구공을 끼듯이 엄마의 옆구리에 아이의 몸을 끼고 감싼다. 엄마가 팔로 아기의 등을 받치고 손과 손가락으로 아기의 어깨와 목을 지지한다.
옆으로 누운 자세	밤중에 수유할 때 취하는 자세	옆으로 누운 상태에서 수유하려는 젖 쪽의 팔에 아이 등을 받치고 아이를 유두 쪽으로 비스듬히 눕힌다. 베개나 쿠션으로 아이의 등을 받쳐주면 좋다.

좋고 산모에게도 장점이 많지만 '꼭' 해내야 하는 건 아니거든. 모유 수유의 장점 중 하나로 엄마 품에 안겨 젖을 먹는 동안 애착이 증진된다는 걸 꼽아. 수유도 결국 엄마와 아이 간의 소통이거든. 만약 엄마가 고통스럽게 억지로 모유 수유를 하면 아이에게도 그대로 느껴

져. 그것보다는 엄마가 환한 얼굴로 따뜻하게 안아서 수유할 수 있다면 모유든 분유든 상관없지 않을까?

부모로서의 첫걸음, 속도보다는 방향

출산한 여성 열 명 중 아홉 명이 겪는 증상. 그런데 내가 겪고 있는지 모르는 증상. 뭔지 알아? 바로 산후우울증이야. 대개는 출산 후 한두 달이 지나면 자연스럽게 사라진다고 하는데 주변의 도움으로 나아지거나 때에 따라서는 전문가와의 상담이 필요하기도 해. 즉, 정도의 차이는 있지만 대부분의 산모가 겪는다는 말이지. 엄마만의 이야기는 아니야. 아빠 다섯 중 한 명이 산후우울증을 경험했다는 설문조사 결과도 있어.

엄마의 산후우울증이 더 많은 이유는 임신과 출산으로 인한 급격한 호르몬 변화를 겪기 때문이야. 게다가 출산 과정을 거치며 체력이 약해진 상태에서 육아까지 더해지니 체력이 바닥나는 것도 한몫해. 전문가들이나 주변에서는 "네 몸이 먼저다"라고 이야기하고 스스로도 머리로는 알고 있지만, 수시로 울고 보채는 아기 앞에서 내 몸을 먼저 챙기기란 불가능에 가깝거든. 그러다보니 늘 아기를 우선으로 하고, 나는 후순위가 되더라.

그런데 엄마도 사람이거든. 피곤하면 예민해져. 하루이틀 피곤한 게 아니라 일주일, 이 주일, 한 달 밤낮없이 피곤하면 극도로 예민해지지. 그래서였나 봐. 어느 날 갑자기 눈물이 나더라. 특별한 일도 없었는데 멍하니 있다가 눈물이 툭 떨어지는 거야. '어? 왜 이러지?' 싶은데 걷잡을 수 없이 눈물이 났어. 그러고 보니 식욕도 없고 그냥 눕고만 싶어지더라. 아기를 보면 또 힘을 내서 잘 키우고 싶은데, 그 마음만큼 잘 키울 수 있을까 겁이 났어.

어느 날 잠이 오지 않아 인터넷 커뮤니티에 들어가 글을 보고 있으니 나와 비슷한 엄마들이 많더라. 그리고 이런 증상이 '산후우울증'이라는 걸 알았지. 처음 해보는 육아에 대한 책임감이 더해져 몸은 물론 마음마저 지친 거였어. 남편도 크게 다르지 않았어. 내 기분과 컨디션이 조절되지 않으니 옆에 있는 남편에게도 영향을 줬지. 남편 역시 경제적 책임과 더불어 새로운 환경에 적응하느라 정신이 없는 와중에 나의 모든 관심이 아기에게 쏠리는 것 같아 서운했다고 하더라.

실제로 많은 부부가 처음 부모가 되면 아내는 육아에 적극적으로 참여하지 않는 남편에게 서운하고, 남편은 모든 생활이 아기 중심으로 돌아가며 소외되는 것 같아 서운하다는 경우가 많아. 사실 산후우울증을 극복하는 가장 좋은 방법은 주변 사람들의 적극적인 지지와 관심, 도움이거든. 그중에서도 배우자의 역할이 크지. 그러니 이 시기에는 부부로서, 부모로서 힘을 합치는 게 중요해.

일단 무조건 부부가 같이하자. 육아만큼 정직한 게 없는 것 같거든. 엄마들은 아이의 울음소리만 듣고도 배가 고파 우는지, 기저귀가 축축해서 우는지, 졸려 우는지, 놀아달라는 건지 구분하잖아. 그런 걸 자주 봐와서 나도 내 아이가 울면 구분할 수 있을 줄 알았거든. 아니더라. 처음엔 몰랐어. 아이가 울면 대체 왜 우는지 이유를 알 수 없어

답답했지. 그러다 하루이틀 아이를 돌보다보니 미묘한 차이가 느껴지더라. 어느 날부터는 나도 아기가 울면 단번에 '우리 아기 기저귀가 불편하구나' 알아챘어. 시간을 들인 만큼 육아에 익숙해진 거지.

그러니 엄마라고 처음부터 잘할 거라는, 아빠라고 못할 거라는 편견을 버리고 처음 아이를 돌보는 '초보 부모'라는 마음으로 같이 해나가자. 육아를 같이하면 남편이 육아에 적극적으로 나서지 않아서 힘든 아내도, 아내가 아이에게만 집중해 서운한 남편도 없어질 거야. 육아의 균형이 맞을 때 부부의 행복도 유지되는 거지.

그리고 '앞으로 어떻게 키우나'보다 '벌써 이만큼 키웠네'로 바라보자. 아이를 바라보고 있으면 하루가 다르게 자라는 모습이 기특하면서도 언제 키우나 싶기도 하거든. '언제 키우나'를 생각하면 막막해져.

지금 이 작은 아이를 키우면서도 쩔쩔매는데 과연 우리가 이 아이를 몸도 마음도 건강한 어른으로 키울 수 있을까 자신이 없었어. 그때 친정엄마가 이런 말씀을 해주셨어. 엄마 눈에는 마냥 어린애 같던 딸이, 엄마가 되어 자식을 돌보는 게 너무나 신기하셨대. '애가 애를 키운다' 속으로 생각하셨대. 결혼하고 살림하는 것도 소꿉놀이하는 것 같아 보였고, 엄마가 됐다며 아이를 안고 있는 것도 흉내만 내는 것 같아 마음이 놓이지 않으셨다는 거지.

그런데 하루하루가 다르게 성장하는 게 보이더래. 기저귀 앞뒤를 바꿔 채우고, 옷 한 벌 갈아입히면서도 식은땀을 흘리지만 의연하게 해내는 모습이 보기 좋았대. 엄마도 자식을 키워봤으니 부모 노릇이 얼마나 힘든지, 얼마나 고된지 알기에 더 걱정됐는데 하나

하나 해나가는 걸 보니 앞으로도 잘하겠구나 싶으셨다고 하시더라.

엄마 이야기를 듣고 있으니 조금 자신이 생겼어. 그래 맞아. 내가 걱정했던 것보다 잘하고 있어. 적어도 부모가 된 첫날보다는 둘째 날, 둘째 날보다는 셋째 날에 더 성장했어. 그러니 '좋은 부모가 될 수 있을까?', '아이를 잘 키울 수 있을까?' 의문일 땐 어제보다 오늘 더 좋은 부모가 됐음을, 우리 아이가 어제보다 더 자랐음을 기억하자.

감수의 글

임신과 출산은 인생의 큰 전환점 중 하나입니다. 오롯이 나를 향하던 내 세상이 아이와 공존하는 세상으로 변화합니다. 내 몸에 나 혼자 사는 게 아니고 다른 생명이 살아 숨 쉬니 말입니다.

우리는 부모라는 이유로 이 생명을 열심히 지켜내고 키워야 합니다. 하지만 우리를 더 당황스럽게 하는 건, 이전에는 경험해보지 못한 부모의 역할입니다. 아이에 대한 사랑의 무게만큼 막중한 책임감은 누구에게나 어렵습니다.

다행히 우리는 잘 해낼 수 있습니다. 이 책 덕분이지요. 《우리가 곧 부모가 됩니다》는 임신한 순간 찾아오는 몸의 변화와 함께 우리가 경험해야 하고 노력해야 하는 마음의 변화에 대한 안내서입니다.

먼저 임신을 경험한 선배 부모로서, 토닥토닥 부모가 되는 과정에 대해 잘 설명해주고 이끌어줍니다. 배 속에 있는 아이에 대해서 잘 아는 것도 중요하지만, 배 속에 있는 아이를 키우고 있는 부모의 몸과 마음에 대해 이해하는 것이 무엇보다 중요합니다. 아이에게 가장 필요한 건, 엄마 아빠라는 사람이니까요.

아이를 갖기 전에는 제가 이렇게 중요한 사람인지 몰랐습니다. 나라는 사람이 이렇게 귀한 생명을 만들어내고 키워내는 존재라니, 참 귀한 존재였구나, 하고 느낍니다.

아이도, 나도, 다시 한 번 소중히 여기고 아끼고 싶습니다.

류지원

산부인과 전문의 · 미래아이산부인과 원장

감수 류지원

"아이는 저에게 참 많이 사랑하는 인생의 동반자입니다."

산부인과 전문의로, 현재 미래아이산부인과 원장으로 일하고 있습니다.
MBC 〈세바퀴〉, SBS 〈좋은 아침〉, JTBC 〈닥터의 승부〉, MBN 〈황금알〉, OnStyle 〈바디 액츄얼리〉 등에 출연했고, CBS 〈세바시(세상을 바꾸는 시간, 15분)〉에서 '완전한 사랑을 위해 알아야 할 것들'이라는 제목으로 강연했습니다.
지은 책으로는《내 친구가 산부인과 의사라면 이렇게 물어볼 텐데》,《NEW 임신출산육아 대백과》가 있습니다.

우리가 곧 부모가 됩니다

초판 1쇄 발행일 2020년 4월 20일
초판 3쇄 발행일 2022년 6월 16일

지은이 김아연, 박현규
감수 류지원

발행인 윤호권
사업총괄 정유한

디자인 김은영 **일러스트** 유총총 **마케팅** 박병국
발행처 ㈜시공사 **주소** 서울시 성동구 상원1길 22, 6-8층(우편번호 04779)
대표전화 02-3486-6877 **팩스(주문)** 02-585-1755
홈페이지 www.sigongsa.com / www.sigongjunior.com

ISBN 978-89-527-7301-2 03590

*시공사는 시공간을 넘는 무한한 콘텐츠 세상을 만듭니다.
*시공사는 더 나은 내일을 함께 만들 여러분의 소중한 의견을 기다립니다.
*지식너머는 ㈜시공사의 브랜드입니다.
*잘못 만들어진 책은 구입하신 곳에서 바꾸어 드립니다.

부모가 될 우리에게

부모가 되기 전 고민해야 할 100가지 질문

| 일러두기 |

- 본 책은 도서 《우리가 곧 부모가 됩니다》의 부록입니다.

부모가 되기 전에 고민해야 할 100가지 질문들

아이가 생기면 지금까지의 삶과는 많이 달라집니다.

두 사람의 헌신과 배려가 어느 때보다 필요하죠.

이 시기를 잘 헤쳐가려면 부부의 팀플레이가 가장 중요합니다.

우리 부부, 그동안 잘 해왔으니 걱정 없다고요?

그렇다면 여기서 질문 하나 할게요.

눈을 감고 아내가 엄마, 남편이 아빠가 됐다고 상상해보세요.

또 내가 아빠 혹은 엄마가 됐다고 상상해보세요.

어떤 모습일지 그려지나요?

아마 잘 안 그려질 겁니다.

그렇지만 너무 궁금하지 않나요?

우리가 어떤 부모가 될지.

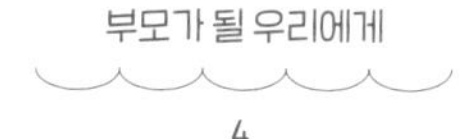

그래서 준비했습니다.

아이가 태어나기 전에 생각해보고

이야기 나눴으면 하는 100가지 질문을요.

질문 하나하나에 답하다 보면 피식 웃음이 나기도 하고

생각지도 못한 질문에 놀라기도 하고

민망해서 나누지 못했던 질문이 반갑기도 할 거예요.

태어날 아이와 부모가 된 우리가 기대되는 건 물론이고요.

임신에 대한 생각, 부부 관계, 육아관, 교육관 등

부부에서 부모로 성장하기 위해

꼭 필요한 질문을 골고루 담았으니

연필을 꼭 쥐고 답을 달아보세요.

분위기 좋은 카페에 나란히 앉아 이야기를 나누며 작성해도 좋고,

각자 답한 뒤 바꿔 읽어도 좋아요.

서로의 답이 궁금해서 몰래 흘끗흘끗 쳐다보는 일이

또 다른 재미가 될 테니까요.

어떻게 활용할지는 두 사람의 자유입니다.

단, 한 가지 규칙은 지켜주세요.

모든 질문에 끝까지 답하기!

이 질문들과 함께

더욱 끈끈하고 행복한 부부가 되길 응원합니다.

일러두기
왼쪽 페이지는 아내가,
오른쪽 페이지는 남편이 쓰도록 구성되었습니다.
질문에 하나씩 답하면서
우리 가족만의 책 한 권을 완성해보세요.

1장.

소중한 선물

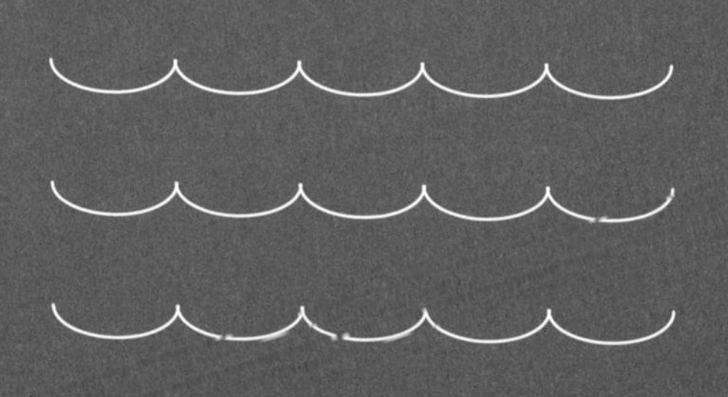

1. 임신 축하해! 임신 소식을 가장 먼저 누구에게 알렸어?

2. 임신을 확인하고 처음 들었던 생각은 뭐야?

3. 뜬금없는 질문이지만, 아기 좋아해?

4. 임신하니 기대된다? 걱정된다? 어떤 감정이 더 커?

아내

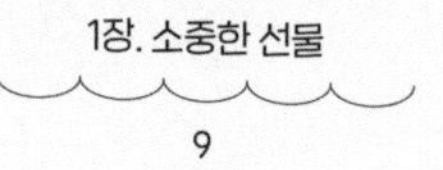

1. 임신 축하해! 아내가 임신 소식을 어떻게 알렸어?

2. 임신 소식을 듣고 처음 들었던 생각은 뭐야?

3. 뜬금없는 질문이지만, 아기 좋아해?

4. 임신하니 기대된다? 걱정된다? 어떤 감정이 더 커?

5. 태명은 뭐라고 지었어? 이유도 궁금해.

6. 고민했던 다른 태명 후보도 있어?

7. 혹시 태몽도 꿨어? 가끔 다른 사람이 태몽을 대신 꿔주기도 한다던데?

8. 임신 초기와 만삭에는 부부관계를 삼가야 한다던데 괜찮아?

5. 태명은 뭐라고 지었어? 이유도 궁금해.

6. 고민했던 다른 태명 후보도 있어?

7. 혹시 태몽도 꿨어? 가끔 다른 사람이 태몽을 대신 꿔주기도 한다던데?

8. 임신 초기와 만삭에는 부부관계를 삼가야 한다던데 괜찮아?

12

9. 아이가 태어나면 가장 기대되는 건 뭐야?

10. 아이가 태어나면 가장 걱정되는 건 뭐야?

11. 임신·출산과 관련된 조언을 구할 지인이 있어? 가장 먼저 떠오른 사람은?

12. 임신·출산 정보는 어디에서, 어떻게 얻고 있어?

아내

9. 아이가 태어나면 가장 기대되는 건 뭐야?

10. 아이가 태어나면 가장 걱정되는 건 뭐야?

11. 임신·출산과 관련된 조언을 구할 지인이 있어? 가장 먼저 떠오른 사람은?

12. 임신·출산 정보는 어디에서, 어떻게 얻고 있어?

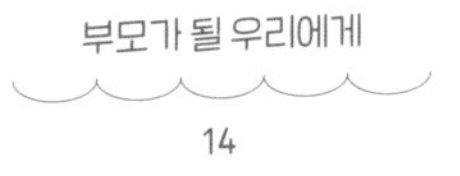

13. 태교 일기는 쓸 거야?

14. 산부인과나 산후조리원의 선택 기준이 있어?

15. 밤에 갑자기 먹고 싶은 게 생각나면 남편에게 구해오라고 할 거야?

16. 산부인과에 혼자 가도 괜찮아?

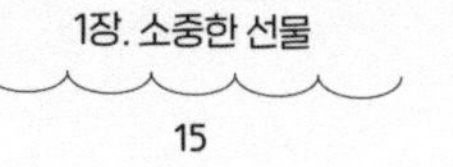

13. 태교 일기는 쓸 거야?

14. 산부인과나 산후조리원의 선택 기준이 있어?

15. 아내가 밤에 갑자기 먹고 싶은 게 생긴다면 구해올 거야?

16. 산부인과에 매번 함께 갈 수 있어?

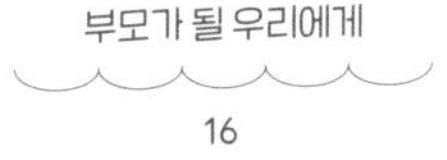

17. 태교로 아이에게 들려주고 싶은 음악이 있어?

18. 태교 여행을 간다면 어디로 가고 싶어?

19. 만삭 사진은 찍을 거야? 셀프 촬영 or 스튜디오 촬영?

20. 지금, 배 속의 아기에게 들려주고 싶은 말은?

아내

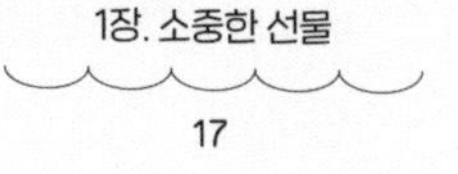

17. 태교로 아이에게 들려주고 싶은 음악이 있어?

18. 태교 여행을 간다면 어디로 가고 싶어?

19. 만삭 사진은 찍을 거야? 셀프 촬영 or 스튜디오 촬영?

20. 지금, 배 속의 아기에게 들려주고 싶은 말은?

남편

21. 아픈 것을 잘 참는다, 못 참는다?

22. 출산하면 가장 먼저 하고 싶은 것은 뭐야?

23. 출산 후 임신 전 몸매로 돌아가지 못해도 괜찮아?

24. 아기가 태어나면 가장 먼저 누구에게 알리고 싶어?

21. 아내가 진통으로 괴로워하면 어떻게 해줄 거야?

22. 아내가 출산하면 가장 먼저 해주고 싶은 것은 뭐야?

23. 출산 후 아내가 임신 전 몸매로 돌아가지 못해도 괜찮아?

24. 아기가 태어나면 가장 먼저 누구에게 알리고 싶어?

25. 나에게 임신 10개월은 _____ 다. 한마디로 표현하면?

25. 나에게 임신 10개월은 _____ 다. 한마디로 표현하면?

2장.

부부 사이 점검하기

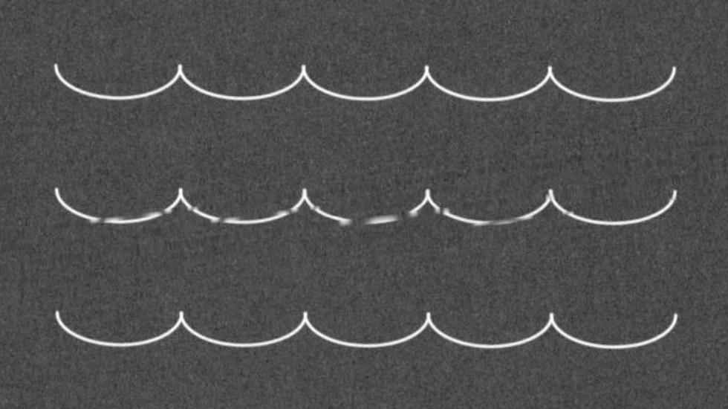

26. 결혼하고 나서 가장 좋은 점은 뭐야?

27. 남편에게 들었던 말 중 가장 감동적인 말은?

28. 남편 때문에 소리 내어 웃은 적은 언제야?

29. 남편이 존경스러울 때는 언제야?

26. 결혼하고 나서 가장 좋은 점은 뭐야?

27. 아내에게 들었던 말 중 가장 감동적인 말은?

28. 아내 때문에 소리 내어 웃은 적은 언제야?

29. 아내가 존경스러울 때는 언제야?

30. 요즘 남편에게 가장 궁금한 한 가지는?

31. 요즘 남편의 기분을 세 단어로 표현해보자.

32. 임신 후 남편의 가장 달라진 점은?

33. 가장 자신 있는 집안일이 있어?

30. 요즘 아내에게 가장 궁금한 한 가지는?

31. 요즘 아내의 기분을 세 단어로 표현해보자.

32. 임신 후 아내의 가장 달라진 점은?

33. 가장 자신 있는 집안일이 있어?

34. 가장 자신 있는 요리가 있어?

35. 남편이 가장 좋아하는 음식이 뭐야? 그 음식을 만들어줄 수 있어?

36. 남편이 나를 정말 사랑한다고 느꼈던 순간은?

37. 부부가 함께 즐기는 취미가 있어?

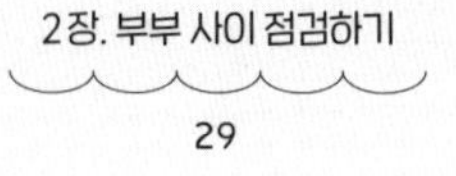

34. 가장 자신 있는 요리가 있어?

35. 아내가 가장 좋아하는 음식이 뭐야? 그 음식을 만들어줄 수 있어?

36. 아내가 나를 정말 사랑한다고 느꼈던 순간은?

37. 부부가 함께 즐기는 취미가 있어?

38. 요즘 나의 가장 큰 관심사는 뭐야?(임신, 출산 외에)

39. 남편의 요즘 관심사는 뭐야?(임신, 출산 외에)

40. 남편에게 들으면 힘이 나는 말이 있어? 어떤 말이야?

41. 반대로 나를 힘 빠지게 하는 말은 어떤 말이야?

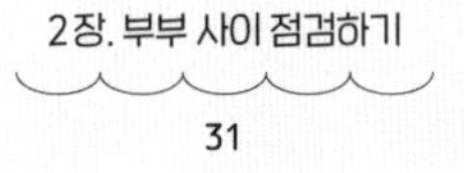

38. 요즘 나의 가장 큰 관심사는 뭐야?(임신, 출산 외에)

39. 아내의 요즘 관심사는 뭐야?(임신, 출산 외에)

40. 아내에게 들으면 힘이 나는 말이 있어? 어떤 말이야?

41. 반대로 나를 힘 빠지게 하는 말은 어떤 말이야?

42. 결혼 생활에서 부부관계는 얼마큼 중요해?

43. 우울할 때 남편이 어떻게 해주면 좋겠어?

44. 한 달 용돈, 얼마큼 필요해?

45. 아이가 태어나면 재무 관리는 어떻게 할 거야?

42. 결혼 생활에서 부부관계는 얼마큼 중요해?

43. 우울할 때 아내가 어떻게 해주면 좋겠어?

44. 한 달 용돈, 얼마큼 필요해?

45. 아이가 태어나면 재무 관리는 어떻게 할 거야?

46. 부모가 된 뒤 남편이 나를 위해 어떤 노력을 해주면 좋겠어?

47. 아이가 태어나도 아이만 예뻐하지 않고 남편도 외롭지 않게 해줄 수 있어?

48. 아기가 태어나면 결혼기념일은 어떻게 보낼거야?

49. 아기가 태어난 뒤, 남편이 내 생일을 잊는다면?

46. 부모가 된 뒤 아내가 나를 위해 어떤 노력을 해주면 좋겠어?

47. 아이가 태어나도 아이만 예뻐하지 않고 아내도 외롭지 않게 해줄 수 있어?

48. 아기가 태어나면 결혼기념일은 어떻게 보낼거야?

49. 아기가 태어난 뒤, 아내가 내 생일을 잊는다면?

50. 우리 부부의 노년은 어떤 모습일 거 같아?

50. 우리 부부의 노년은 어떤 모습일 거 같아?

남편

3장.

아이를 기다리는 시간

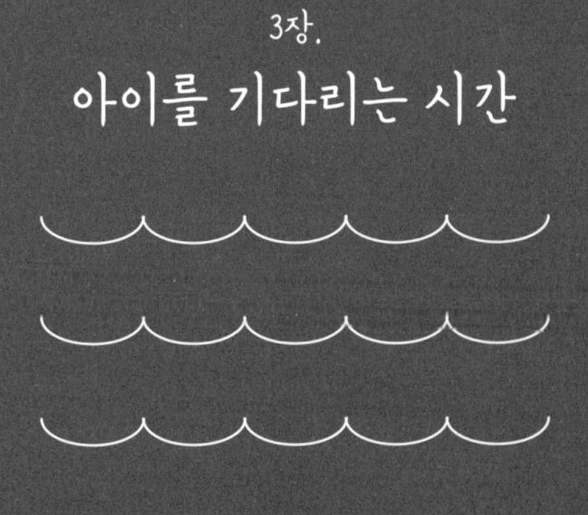

51. 혹시 생각해둔 아이의 이름이 있어?

52. 만약 부모님이 아이 이름을 지어주셨는데 마음에 안 들면 어떻게 할 거야?

53. 아기 기저귀를 갈아본 적 있어?

54 아기는 따로 재울 거야? 같이 잘 거야?

51. 혹시 생각해둔 아이의 이름이 있어?

52. 만약 부모님이 아이 이름을 지어주셨는데 마음에 안 들면 어떻게 할 거야?

53. 아기 기저귀를 갈아본 적 있어?

54. 아기는 따로 재울 거야? 같이 잘 거야?

55. 육아휴직은 누가 얼마만큼 쓸 계획이야?

56. 아이가 태어나면 맞벌이할 거야? 외벌이할 거야?

57. 아이를 키울 때 누구의 도움을 받을 계획이야?

(친정 부모님, 시부모님, 베이비시터, 어린이집 등)

58. 아이가 태어나면 가사는 어떻게 분담할 거야?

55. 육아휴직은 누가 얼마만큼 쓸 계획이야?

56. 아이가 태어나면 맞벌이할 거야? 외벌이할 거야?

57. 아이를 키울 때 누구의 도움을 받을 계획이야?

(친정 부모님, 시부모님, 베이비시터, 어린이집 등)

58. 아이가 태어나면 가사는 어떻게 분담할 거야?

남편

59. 집 근처 소아과의 위치를 알고 있어? 모른다면 지금이라도 찾아서 적어봐.

60. 아이를 급히 맡겨야 할 때 도와줄 지인 세 명을 적어봐.

61. 육아용품을 물려받는 건 어떻게 생각해?

62. 아이가 보채면 어떻게 달랠 거야?

59. 집 근처 소아과의 위치를 알고 있어? 모른다면 지금이라도 찾아서 적어봐.

60. 아이를 급히 맡겨야 할 때 도와줄 지인 세 명을 적어봐.

61. 육아용품을 물려받는 건 어떻게 생각해?

62. 아이가 보채면 어떻게 달랠 거야?

63. 아이를 키울 때 가장 중요하게 생각하는 가치관이 있어?

(교육, 자율, 도덕, 규율 등)

64. 남편과 육아관이 다르다면? 상대방을 기꺼이 따라줄 수 있어?

65. 아이에게 어떤 엄마로 기억되고 싶어?

66. 우리 아이는 아빠의 어떤 점을 가장 좋아할 것 같아?

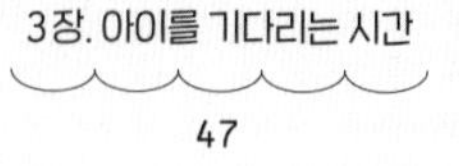

63. 아이를 키울 때 가장 중요하게 생각하는 가치관이 있어?

(교육, 자율, 도덕, 규율 등)

64. 아내와 육아관이 다르다면? 상대방을 기꺼이 따라줄 수 있어?

65. 아이에게 어떤 아빠로 기억되고 싶어?

66. 우리 아이는 엄마의 어떤 점을 가장 좋아할 것 같아?

67. 스스로 부모가 될 준비가 얼마만큼 되어 있다고 생각해?

68. 하루에 몇 분 정도 아이랑 놀아 줄 수 있어?

69. 아이가 태어나면 같이 해보고 싶은 게 있어?

70. 아이는 몇이나 낳을 계획이야?

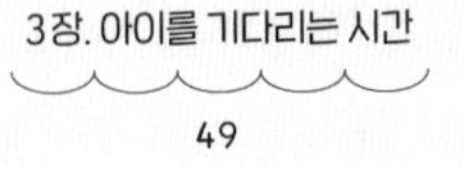

67. 스스로 부모가 될 준비가 얼마만큼 되어 있다고 생각해?

68. 하루에 몇 분 정도 아이랑 놀아 줄 수 있어?

69. 아이가 태어나면 같이 해보고 싶은 게 있어?

70. 아이는 몇이나 낳을 계획이야?

남편

71. 양육에 도움을 받으려고 시댁 근처로 이사해야 한다면?

72. 지금 당장 부를 수 있는 동요가 있어?

73. 어떤 아이로 자랐으면 좋겠어?

74. 아이와 함께 하고 싶은 취미가 있어?

아내

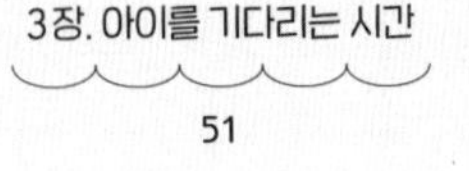

71. 양육에 도움을 받으려고 처가 근처로 이사해야 한다면?

72. 지금 당장 부를 수 있는 동요가 있어?

73. 어떤 아이로 자랐으면 좋겠어?

74. 아이와 함께 하고 싶은 취미가 있어?

남편

75. 우리 아이에게 어떤 엄마가 되어줄 건지 다짐 한마디

75. 우리 아이에게 어떤 아빠가 되어줄 건지 다짐 한마디

남편

4장.

부부에서 부모로

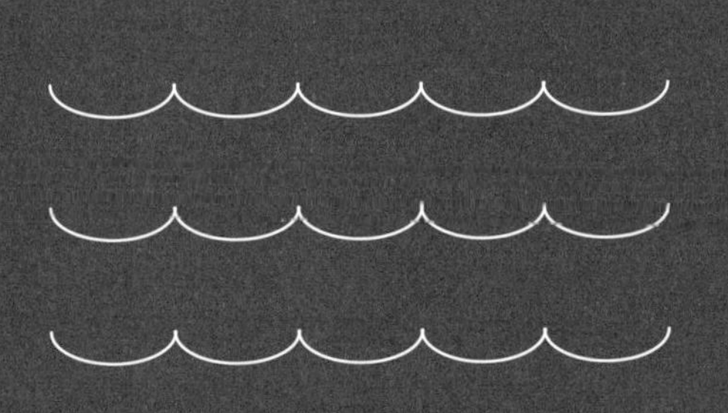

76. 부모가 된다는 건 어떤 기분이야?

77. 아이의 외모는 누구를 닮았으면 좋겠어? 그 이유는?

78. 그럼, 성격은 누구를 닮았으면 좋겠어?

79. 아이가 닮았으면 하는 남편의 장점 3가지를 적어봐.

아내

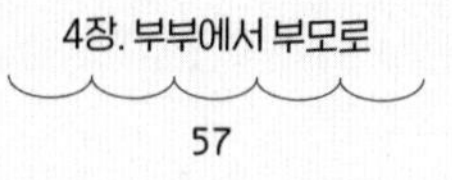

76. 부모가 된다는 건 어떤 기분이야??

77. 아이의 외모는 누구를 닮았으면 좋겠어? 그 이유는?

78. 그럼, 성격은 누구를 닮았으면 좋겠어?

79. 아이가 닮았으면 하는 아내의 장점 3가지를 적어봐.

80. 아이가 닮았으면 하는 나의 장점 3가지를 적어봐.

81. 이상적으로 생각하는 가족이나 롤 모델이 있어?

82. 좋은 부모란 어떤 부모라고 생각해?

83. 살면서 부모님께 가장 감사했던 적은 언제야?

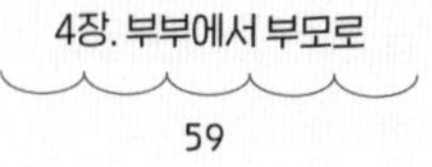

80. 아이가 닮았으면 하는 나의 장점 3가지를 적어봐.

81. 이상적으로 생각하는 가족이나 롤 모델이 있어?

82. 좋은 부모란 어떤 부모라고 생각해?

83. 살면서 부모님께 가장 감사했던 적은 언제야?

남편

84. 반대로 부모님을 가장 원망했던 적은 언제야?

85. 지금까지 살면서 가장 즐거웠던 기억은 뭐야?

86. 지금까지 살면서 가장 슬펐던 기억은 뭐야?

87. 지금까지 살면서 가장 중요한 순간은?

84. 반대로 부모님을 가장 원망했던 적은 언제야?

85. 지금까지 살면서 가장 즐거웠던 기억은 뭐야?

86. 지금까지 살면서 가장 슬펐던 기억은 뭐야?

87. 지금까지 살면서 가장 중요한 순간은?

88. 가족이란 나에게 어떤 의미야?

89. 어린 시절, 날 가장 행복하게 한 것은?

90. 어린 시절 별명은 뭐였어?

91. 어릴 적 꿈은 뭐였어?

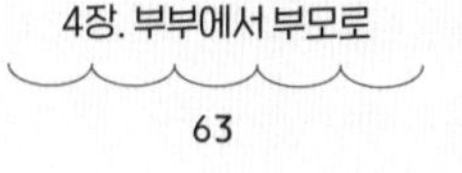

88. 가족이란 나에게 어떤 의미야?

89. 어린 시절, 날 가장 행복하게 한 것은?

90. 어린 시절 별명은 뭐였어?

91. 어릴 적 꿈은 뭐였어?

92. 다시 5살이 된다면 해보고 싶은 것은?

93. 지금까지 내 인생에서 가장 큰 일탈은 뭐야?

94. 아이가 엄마 아빠는 왜 결혼했냐고 물어보면 뭐라고 답해줄 거야?

95. 아이가 우리를 어떤 부모로 기억하면 좋을 거 같아?

아내

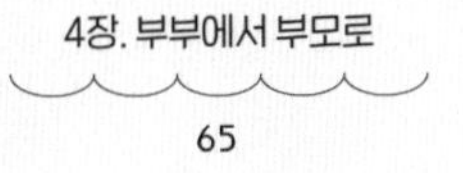

92. 다시 5살이 된다면 해보고 싶은 것은?

93. 지금까지 내 인생에서 가장 큰 일탈은 뭐야?

94. 아이가 엄마 아빠는 왜 결혼했냐고 물어보면 뭐라고 답해줄 거야?

95. 아이가 우리를 어떤 부모로 기억하면 좋을 거 같아?

남편

96. 10년 후, 우리 가족은 어떤 모습일 거 같아?

97. 우리 아이에게 유산으로 무엇을 남겨주고 싶어?

98. 엄마가 될 나에게 응원의 한마디

99. 아빠가 될 남편에게 응원의 한마디

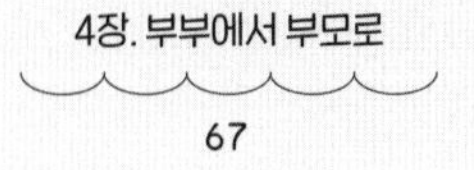

96. 10년 후, 우리 가족은 어떤 모습일 거 같아?

97. 우리 아이에게 유산으로 무엇을 남겨주고 싶어?

98. 아빠가 될 나에게 응원의 한마디

99. 엄마가 될 아내에게 응원의 한마디

남편

100. 100가지 질문에 답한 소감은 어때?

100. 100가지 질문에 답한 소감은 어때?

◦◦ 세상에 태어나는 우리 아이에게 해주고 싶은 말 ◦◦

아내

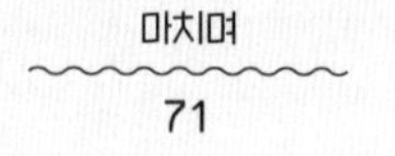

71

○○ 세상에 태어나는 우리 아이에게 해주고 싶은 말 ○○

남편